U0219030

图解直观数学译丛

麦克斯韦方程直观
（翻译版）

（美）丹尼尔·弗雷希　著

唐璐　刘波峰　译

机械工业出版社

本书用浅显的语言，介绍了科学中 4 个最有影响力的方程：高斯电场定律、高斯磁场定律、法拉第定律和安培—麦克斯韦定律。书中对每个方程都进行了详尽的讲解，包括每个符号的物理意义，各方程的积分形式和微分形式等。本书还配有网站。网站提供了书中所有内容的英文原声 MP3 文件，可以在线播放。网站上还有书中所有习题的答案和解题步骤，以及互动形式的分步骤提示。网站的网址是 www4. wittenberg. edu/maxwell/。（机械工业出版社不保证该网站可用）

　　本书可作为相关课程教材使用，也可作为电子信息等专业课程的配套辅导书，还可以供自学使用。

译者的话

1951 年，费曼（后来于 1965 年获得诺贝尔物理学奖）访问巴西，并进行了为期 10 个月的教学，为当地学生讲授麦克斯韦方程。他观察到，这里的学生把书本背得都很熟，但却完全不理解自己在背些什么，他们不会举一反三，也不会问问题，他们学习的目的只有一个——应对考试。

费曼说：

这好比一个深爱希腊文的希腊学者……跑到别的国家，发现那里的人都在研究希腊文，甚至小学生也在读……他问学生：“苏格拉底对真理与美的关系有何见解？”学生答不出来。学者又问：“苏格拉底在第三次对话录中跟柏拉图说过些什么？”学生立刻一字不漏地把苏格拉底说过的话背了出来。可是苏格拉底在第三次对话录里所说的，正是真理和美的关系！……实在看不出在这种不断重复的体制中，谁能受到任何教育。大家都在努力考试，然后教下一代如何会考试，大家什么都不懂。

费曼对巴西做出这样的观察是在 20 世纪 50 年代初，不过如果他来到几十年后的中国，会发现这个问题依然存在。我们不断地呼吁素质教育，却看到越来越多疲于应付各级考试的学生，越来越多焦虑地为孩子报名各类考试辅导班的家长，考试辅导书在书店书架上占据着显眼的位置，而那些能够发自内心喜欢和欣赏科学和艺术之美的学生却越来越罕见。

作为电气信息类专业的高校老师，译者在为学生讲解麦克斯韦方程时也常有这样的困惑。在技术进步日新月异的今天，麦克斯韦方程的应用随处可见，其重要性不言而喻，然而它往往又是相关科目中最艰深的部分，让许多学生望而却步，只求考试通过就万事大吉，考试过后都还给老师，谈不上理解和掌握，更谈不上欣赏和喜欢。

带着这样的困惑，译者偶然遇到了读者手中的这本书，顿时有相见恨晚之感。这是一本难得的从直观角度讲解麦克斯韦方程的小书，篇幅短小，却透彻地讲述了麦克斯韦方程的思想以及相关的背景知识。读者只需不多的微积分知识，就可以毫无障碍地阅读这本书。在教学中对这本书的应用也收到了良好的反馈，很多学生反映阅读这本书后再学习课本上的相关内容有事半功倍的效果，深受鼓舞的译者决定将这本书引介到国内，以造福更多学生。

打开这本书的读者可能正在学习相关课程，却又受困于课本上繁杂的公式，不知该如何着手；也可能早已参加工作，却仍然对学习电磁理论感兴趣，遗憾当年上课时的一知半解。那么这本书就是为你而写的，它不会花费你太多的时间和精力，也不会让你迷失在公式丛林中，你收获的将是对电磁学的直观理解，以及对麦克斯韦方程的简洁而强大之美的欣赏。

　　本书的排版方式比较特别，是采用"一一对应"（即本书一页对应英文原版一页）的方式进行的。这样的好处是对翻译有疑惑的读者可以很方便地通过页码找到英文原版中对应的内容。这种排版方式在有的地方不太符合阅读习惯，比如：很多页都没有排满就转页了，有的页从逗号断开进入下一页，有的页因为图片位置的调整显得内容非常少等。希望这种对美观的影响能为读者带来切实的便利。书后的索引是在原书索引的基础上重新整理并按照拼音顺序排序的，以便读者查阅。

　　本书的翻译得到了教育部卓越工程师计划湖南大学仪器学科项目的资助。机械工业出版社的编辑们以及许多工作人员为本书的引进、翻译和出版奉献了大量心力，在此深表谢意。

　　作为译者，希望在忠实于作者原意的同时也能体现出作者文字的优美，然而毕竟水平有限，翻译过程中也难免出现错误和不妥之处，恳请广大读者批评指正。

湖南大学　唐璐

前　　言

这本书的目的是帮助你理解科学中最重要的 4 个方程。如果你对麦克斯韦方程组的力量还有所怀疑，看看你周围——广播、电视、雷达、无线上网和蓝牙，无数的现代技术都是建立在电磁场理论基础之上的。毫不奇怪《物理世界》（Physics World）的读者会将麦克斯韦方程组选为"历史上最重要的方程组"。

这本书与其他不计其数的电学和磁学课本又有何区别呢？首先，这本书专注于麦克斯韦方程组，这意味着你在学到根本性概念之前不用费时学习数百页相关的内容。这样就为深入解释最重要的特性留下了空间，比如基于电荷的电场与感生电场之间的差别、散度和旋度的物理意义，以及各方程的积分和微分形式的用途。

你会发现这本书的风格与其他书很不一样。每一章都以一个麦克斯韦方程的"展开图"作为开始，透彻地解释每一项的意义。如果你曾学习过麦克斯韦方程组，希望快速回顾一下，这些展开图也许就是你所需的一切。如果你对麦克斯韦方程组的某些方面不是很清楚，在展开图后面的各节中会有对每个符号（包括数学运算符）的详细解释。因此，如果你对高斯定律中 $E \cdot n$ 的意义不清楚，或者不知道为什么环路上的磁场只由闭合曲线内的电流决定，你就需要看后面的内容。

这本书还有英文互动网站和音频可以帮助你理解和应用麦克斯韦方程。网站上以互动方式给出了书中每个问题的详细解答，你可以直接查看完整的答案，也可以在一步一步的提示的帮助下解答。如果你觉得听比看更适合你，也可以利用音频。这些 MP3 文件贯穿全书，给出了重要的细节，并对关键概念给出了更深入的解释。

这本书是否适合你？如果你是理工科的学生，在课本中遇到过麦克斯韦方程组，却又不清楚它们到底是什么意思以及如何使用它们，这本书就适合你。你可以在参加 GRE 等标准化考试之前读这本书，或是听 MP3，做例题和习题。如果你是正在复习准备考试的研究生，这本书也可以帮助你。

你也许既不是大学生也不是研究生，但你是一个想求知的年轻人，或是还有学习热情，想学一些关于电和磁的知识，这本书也能为你解释这 4 个作为许多现代技术的基础的方程。

书中的叙述风格是非形式化的，数学上的严格只有在不影响对麦克斯韦方程组物理意义的理解时才会兼顾。你会看到大量物理类比——例如，将电场和磁场的变化与流体的流动对比。麦克斯韦本人尤其擅长这种思维方式，他还曾特地指出，类比之所以有用，不仅是因为量的相似，而是因为量之间的关系的对应。因此，虽然在静电场中并不是有什么东西真的在流动，但你还是会发现水龙头（作为流体的源头）与正电荷（作为电场线的源头）的类比非常有助于理解静电场的本质。

对于这本书中的4个麦克斯韦方程还有一点需要说明：你也许不知道麦克斯韦在提出电磁理论时，给出的描述电场和磁场特性的方程并不是4个而是20个。麦克斯韦去世20年后，才由英国的赫维赛德（Oliver Heaviside）和德国的赫兹（Heinrich Hertz）将麦克斯韦方程组简化为4个方程。今天我们将这4个方程分别称为高斯电场定律、高斯磁场定律、法拉第定律和安培-麦克斯韦定律。这四条定律就是今天所公认的麦克斯韦方程组，也是本书将阐释的内容。

目　　录

第 1 章　高斯电场定律

在麦克斯韦方程组中，你会遇到两类电场：由电荷产生的静电场和由变化磁场产生的感生电场。高斯电场定律处理的是静电场，你会发现它是一个有力的工具，因为它将静电场的空间特性与产生电场的电荷分布关联起来。

1.1　高斯电场定律的积分形式

高斯定律有许多表现形式，在不同教科书中记法可能不一样，但积分形式通常表示为：

$$\oint_S \boldsymbol{E} \cdot \boldsymbol{n} \mathrm{d}a = \frac{q_{\text{enc}}}{\varepsilon_0} \quad \text{高斯电场定律（积分形式）。}$$

方程左边就是通过闭合曲面 S 的电通量（电场线的数量）的数学描述，而右边则是曲面包围的电荷总量除以真空电容率。

如果你不清楚"场线"或"电通量"的确切意义，不要着急——这一章会详细阐释这些概念。还有一些例子向你展示怎样利用高斯定律解决与静电场有关的问题。对于初学者，请掌握高斯定律的主要思想：

> 电荷产生电场，场通过任意闭合曲面的通量正比于曲面所包围的电荷总量。

也就是说，如果有一个真实的或想象的任意大小和形状的闭合曲面，在曲面内部没有电荷，通过曲面的电通量就必定为零。如果在曲面内部放入一些正电荷，通过曲面的电通量就为正。如果在曲面内部又放入等量的负电荷（使得包围的电荷总量为零），通量就又变成零。高斯定律说的是曲面所包围的净电荷。

为了帮助读者理解高斯电场定律积分形式中每个符号的意义，下面给出了展开图：

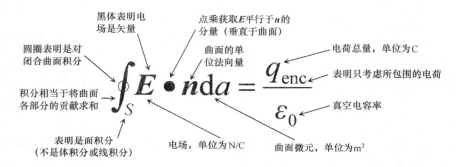

高斯定律有什么用呢？下面是可以用这个方程解决的两类基本问题：

（1）给定电荷分布，可以算出包围电荷的曲面的电通量。

（2）给定通过闭合曲面的电通量，可以算出曲面包围的电荷总量。

高斯定律最大的好处是，对于一些非常对称的电荷分布，可以推断出电场本身，而不仅仅是通过曲面的电通量。

虽然高斯定律的积分形式看上去有些复杂，但还是完全可以逐项来理解的。这就是本章后面的内容，首先是 E，电场。

$\boxed{E}$ 电场

要理解高斯定律，首先要理解电场的概念。在一些物理和工程书籍中，没有直接给出电场的定义；一般，你读到的是这样的陈述，有电作用力的地方"就认为存在"电场。那到底什么是电场呢？

这个问题有深层的哲学意义，但不容易回答。法拉第（Michael Faraday）第一个提出电的"力场"，麦克斯韦则提出这个场在带电物体的周围——电荷力作用到的地方。

在大部分定义电场的尝试中，一条共同的线索是场与力密切相关。因此有一个实用主义的定义：单位电场是单位电荷施加在单位带电物体上的电排斥力。虽然哲学家对电场的真实含义有争议，你只需将任意位置的电场大小视为在那个位置上的每库仑（C）电量受到的以牛顿（N）为单位的电排斥力的大小，就可以解决许多实际问题。因此，电场可以用以下关系定义：

$$E \equiv \frac{F_e}{q_0}。 \tag{1.1}$$

式中，F_e 是对一个小[○]电荷 q_0 的电场力。这个定义凸显了电场的两个重要性质：

（1）E 是矢量，大小正比于力，方向为正测试电荷的受力方向。

（2）E 的单位是牛顿/库仑（N/C），等同于伏特/米（V/m），因为伏特 = 牛顿×米/库仑。

在应用高斯定律时，将带电物体周围的电场描绘出来会有助于分析。常用的方法是用箭头或"场线"构造电场的图形，方向指向空间中各点场的方向。如果用箭头描绘，则箭头长度表示场的强弱，

［○］ 为什么物理学家和工程师喜欢讨论小的测试电荷？因为这个电荷的作用是测试某个位置的电场，而非再去叠加一个电场（虽然你无法避免这种情况）。让测试电荷无穷小可以最小化测试电荷本身电场的作用。

如果用场线描述，则线的疏密表示场的强弱（线越密则场强越强），在你看用线或箭头描绘电场时，请记住在线与线之间同样存在电场。

图 1.1 是一些与高斯定律应用有关的电场的例子。

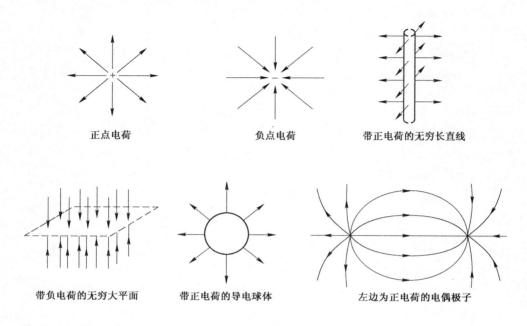

图 1.1　电场的例子

注意：这些电场都是 3 维的；在本书的网站上有这些图的完整的 3 维可视化效果。

下面是一些可以帮助你描绘电荷产生的电场的经验法则[⊖]：

● 电场线必须从正电荷出发，终止于负电荷。

● 任何一点的净电场等于这一点存在的所有电场的矢量和。

● 电场线不相交，因为这意味着电场在一个位置上有两个不同的方向（如果在一个位置上有多个不同的电场作用，则总电场为各电场的矢量之和，电场线则总是指向唯一的总电场方向）。

⊖　在第 3 章，读者将会认识到不是由电荷而是由变化磁场所产生的电场。这一类场会绕回其自身，它所遵循的法则不同于由电荷产生的电场。

- 当导体处于平衡时，电场线总是垂直于导体的表面。

表 1.1 中有一些简单物体的周围电场的公式。

表 1.1　简单物体的电场公式

点电荷（电荷量 = q）	$E = \dfrac{1}{4\pi\varepsilon_0}\dfrac{q}{r^2}\boldsymbol{r}$（$r$ 为与电荷的距离）
导电球体（电荷量 = Q）	$E = \dfrac{1}{4\pi\varepsilon_0}\dfrac{Q}{r^2}\boldsymbol{r}$（外部，$r$ 为与球心的距离） $E = 0$（内部）
均匀的带电绝缘球体 　（电荷量 = Q，半径 = r_0）	$E = \dfrac{1}{4\pi\varepsilon_0}\dfrac{Q}{r^2}\boldsymbol{r}$（外部，$r$ 为与球心的距离） $E = \dfrac{1}{4\pi\varepsilon_0}\dfrac{Qr}{r_0^3}\boldsymbol{r}$（内部，$r$ 为与球心的距离）
无穷长带电直线 　（电荷线密度 = λ）	$E = \dfrac{1}{2\pi\varepsilon_0}\dfrac{\lambda}{r}\boldsymbol{r}$
无穷大带电平面 　（电荷面密度 = σ）	$E = \dfrac{\sigma}{2\varepsilon_0}\boldsymbol{n}$

那么高斯定律中的 $\boldsymbol{E}$ 究竟表示的是什么呢？它表示的是所考虑的曲面上各点的总电场。曲面可以是真实的也可以是假想的，后面讲到高斯定律的面积分的意义时你将了解到这一点。但首先你应当认识积分中的点乘和单位法向量。

·｜点　乘

当你在处理带有乘号（圆点或叉）的方程时，最好是检查一下符号两边的项。如果是粗体字或是上面有矢量箭头标记（例如高斯定律中的 E 和 n），方程进行的就是矢量乘法，矢量是有大小和方向的量，它有几种不同的相乘方式。

在高斯定律中，E 和 n 之间的圆点表示的是电场矢量 E 和单位法向量 n（下一节讨论）之间的点乘（或"内积"）。如果你知道各矢量的笛卡儿分量，你就能用下面的式子计算：

$$A \cdot B = A_x B_x + A_y B_y + A_z B_z。 \tag{1.2}$$

如果知道矢量之间的夹角，也可以用

$$A \cdot B = |A||B|\cos\theta， \tag{1.3}$$

式中，$|A|$ 和 $|B|$ 表示矢量的大小（长度）。请注意两个矢量的点乘得到的结果是一个标量。

为了理解点乘的物理意义，通常考虑夹角为 θ 的两个矢量 A 和 B，如图 1.2a 所示。

矢量 A 在矢量 B 上的投影为 $|A|\cos\theta$，如图 1.2b 所示。将投影与矢量 B 的长度相乘得到 $|A||B|\cos\theta$。因此点乘 $A \cdot B$ 表示的是 A 在 B 的方向上的投影乘以 B 的长度[⊖]。等你理解了矢量 n 的意义后就会很容易理解这个运算在高斯定律中的作用。

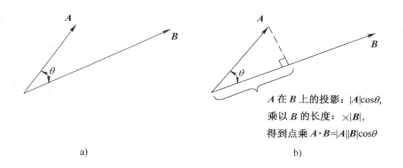

图 1.2　点乘的意义

⊖　用 B 在 A 的方向上的投影乘以 A 的长度可以得到相同的结果。

$\boxed{n}$ 单位法向量

单位法向量的概念很直观；在曲面上任何一点作垂直于曲面的单位长度的矢量。这个矢量记为 n，"单位"意指其长度为 1，"法向"意指其垂直于曲面。平面的单位法向量如图 1.3a 所示。

当然，在图 1.3a 中你也可以用方向相反的矢量表示单位法向量，在一个开放曲面的两面之间没有本质区别（开放曲面意思是说从曲面的一面到另一面可以不用穿过曲面）。

对于闭合曲面（曲面将空间分为"内部"和"外部"），单位法向量的方向没有歧义。通常将闭合曲面的单位法向量指向外面——离开曲面包围的空腔。图 1.3b 是球面上的一些单位法向量；如果将地球假设成完美的球体，那么地球南极和北极的单位法向量将指向相反的方向。

有些书用的记号不是 $n\mathrm{d}a$ 而是 $\mathrm{d}a$。这种记法是将单位法向量与单位面积元 $\mathrm{d}a$ 结合在一起，其大小等于面积 $\mathrm{d}a$，方向则指向曲面法向量 n。因此 $n\mathrm{d}a$ 和 $\mathrm{d}a$ 的意义是一样的。

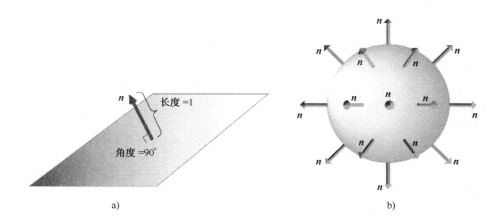

a)   b)

图 1.3 平面和球面的单位法向量

$\boxed{E \cdot n}$ E 垂直于曲面的分量

理解了点乘和单位法向量的含义，$E \cdot n$ 的意义就清楚了；这个式子表示的是电场矢量垂直于所考虑的曲面的分量。

如果你觉得还不明白这是如何推导出来的，回想一下两个矢量比如 E 和 n 之间的点乘就是前者在后者上的投影再乘以后者的长度。而单位法向量的长度为 1 （$|n| = 1$），因此

$$E \cdot n = |E| |n| \cos\theta = |E| \cos\theta \qquad (1.4)$$

式中，θ 是单位法向量 n 与 E 之间的夹角。这就是电场垂直于曲面的分量，如图 1.4 所示。

因此，当 $\theta = 90°$ 时，E 垂直于 n，即电场平行于曲面，$E \cdot n = |E| \cos 90° = 0$。这时 E 垂直于曲面的分量等于 0。

而当 $\theta = 0°$ 时，E 平行于 n，即电场垂直于曲面，$E \cdot n = |E| \cos 0° = |E|$。这时 E 垂直于曲面的分量就是 E 的整个长度。

在你考虑电通量时，电场垂直于曲面的分量的重要性就显而易见了。在此之前，还要先理解高斯定律中曲面积分的意义。

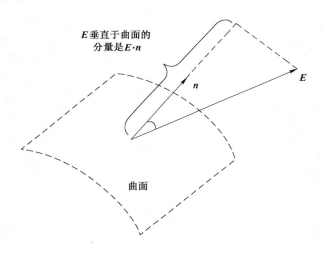

图 1.4　E 在 $\hat{n}$ 上的投影

$$\int_S (\quad)\mathrm{d}a \quad \textbf{面积分}$$

　　许多物理和工程方程（包括高斯定律）都涉及特定曲面上标量函数或矢量场的面积积分（这类积分也称为"面积分"）。你在理解这个重要的数学运算上所花的时间将在今后处理力学、流体力学、电学和磁学中的问题时将得到数倍回报。

　　面积分的意义可以通过考虑图 1.5 中的薄曲面来理解。假设这个曲面的面密度（单位面积的质量）随 x 和 y 变化，你想得到曲面的总质量。你可以将曲面划分为 2 维格子，格子中的面密度大致为常数。

　　如果单个格子的面密度为 σ_i，面积为 $\mathrm{d}A_i$，则格子的质量为 $\sigma_i \mathrm{d}A_i$，整个曲面上 N 个格子的质量为 $\sum_{i=1}^{N} \sigma_i \mathrm{d}A_i$。随着格子划分得越来越小，结果就越来越接近真实质量，因为格子越小 σ 越精确。随着 $\mathrm{d}A$ 趋近 0，N 趋近无穷大，求和就变成了积分，你将得到

$$\text{质量} = \int_S \sigma(x,y)\,\mathrm{d}A。$$

　　这就是标量函数 $\sigma(x,y)$ 在曲面 S 上的面积积分。它就是将一个函数（这个例子中是密度）在每一小格子上的作用相加以得到总量。要理解高斯定律的积分形式，还要将面积分的概念扩展到矢量场，而下一节将对此进行讨论。

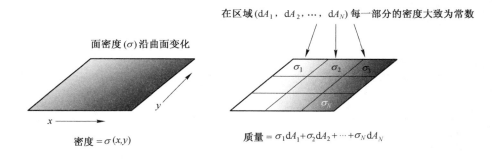

在区域 ($\mathrm{d}A_1$，$\mathrm{d}A_2$，…，$\mathrm{d}A_N$) 每一部分的密度大致为常数

面密度 (σ) 沿曲面变化

σ_1　σ_2　σ_3

σ_N

x　　y

密度 $= \sigma(x,y)$

质量 $= \sigma_1\mathrm{d}A_1 + \sigma_2\mathrm{d}A_2 + \cdots + \sigma_N\mathrm{d}A_N$

图 1.5　计算密度变化的曲面的质量

$\boxed{\int_S \boldsymbol{A} \cdot \boldsymbol{n}\mathrm{d}a}$ 矢量场的通量

在高斯定律中，面积分不是用于标量函数（例如曲面的密度），而是用于矢量场。矢量场是什么？顾名思义，矢量场是某些量在空间（场）中的分布，而这些量是有大小和方向的，即矢量。房间里的温度分布是标量场，而水流中每一点的流速和方向则是矢量场。

用水流打比方非常有助于理解矢量场的"通量"的意义，虽然矢量场是静态的，并非有什么东西真的在流动。你可以将一个矢量场在某个曲面上的通量视为这个场"流过"曲面的"数量"，如图 1.6 所示。

假设最简单的情形，均匀矢量场 $\boldsymbol{A}$ 和垂直于场方向的曲面 S，通量 $\varPhi$ 定义为场的大小与曲面面积的乘积：

$$\varPhi = \left| \boldsymbol{A} \right| \times 曲面面积。 \tag{1.5}$$

这个例子如图 1.6a 所示。注意如果 $\boldsymbol{A}$ 垂直于曲面，则平行于单位法向量 $\boldsymbol{n}$。

如果矢量场是均匀的，但不垂直于曲面，如图 1.6b 所示，则通量取决于 $\boldsymbol{A}$ 垂直于曲面的分量与曲面面积的乘积：

$$\varPhi = \boldsymbol{A} \cdot \boldsymbol{n} \times （曲面面积）。 \tag{1.6}$$

均匀场和平面有助于理解通量的概念，但许多电磁问题都涉及不均匀的场和弯曲的曲面。要解决这类问题，你需要理解如何将面积分的概念扩展到矢量场。

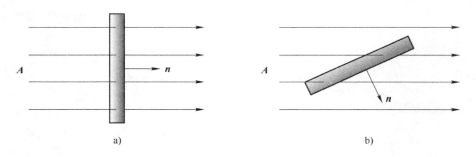

图 1.6　矢量场通过曲面的通量

　　考虑如图 1.7a 所示曲面和矢量场 A。假设 A 表示真实流体的流动，而 S 表示渗透膜；稍后您将理解这种想法如何应用于电场通过曲面（该曲面可能是真实的或完全虚构的）的通量。

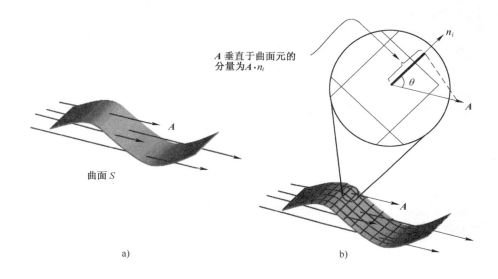

图 1.7　A 垂直于曲面的分量

　　在继续之前，请思考一下怎样才能算出物质流经曲面 S 的流速。你可以用多种方法定义流速，但用以下方式会有助于理解问题，"每秒有多少粒子通过膜？"

　　要回答这个问题，首先将 A 定义为流体的密度（粒子数/m^3）乘以流速（m/s）。作为密度（标量）和速度（矢量）的乘积，A 必须是与速度同方向的矢量，单位是粒子数/（$m^2 \cdot s$）。你要求的是每秒通过曲面的粒子数，对单位进行分析可知有可能是用 A 与曲面面积相乘。

　　但再看一下图 1.7a。箭头的不同长度表明物质的流速不是均匀的，流体中不同位置的流速或高或低。这会使得通过曲面不同部位的物质流速不一样，而且你还必须考虑曲面相对于流动方向的夹角。如果曲面的某部分正好平行于流体的流动方向，则单位时间通过的粒子数量必定为零，因为流线必须穿过曲面才能将粒子从一面输送到另一面。因此，你不仅要考虑流速和曲面各部分的面积，还要考虑流速垂直于曲面的分量。

　　当然，你已经知道了怎样求 A 垂直于曲面的分量；A 和曲面的单位法向量 n 进行点乘就可以。但曲面是弯曲的，n 的方向取决于在曲面上的位置。为了解决各点处 n 和 A 不同的问题，将曲面分成小块，如图 1.7b 所示。如果你划分得足够小，就可以认为块中的 n 和 A 不变。

　　用 n_i 表示第 i 块（面积 da_i）的单位法向量；通过块 i 的流为 $(A \cdot n_i)$ da_i，总量为

$$\text{通过整个曲面的流} = \sum_i A_i \cdot n_i da_i。$$

　　显然如果让小块的大小趋近于 0，求和就变成了积分。

$$\text{通过整个曲面的流} = \int_S A \cdot n da。 \qquad (1.7)$$

对于闭合曲面，积分符号上还有一个圆圈：

$$\oint_S A \cdot n da。 \qquad (1.8)$$

这个流是通过闭合曲面 S 的粒子通量，它与高斯定律的左边很像。你只需用电场 E 替换矢量场 A 就能让两个式子变成一样。

$\oint_S \boldsymbol{E} \cdot \boldsymbol{n}\mathrm{d}a$ 通过闭合曲面的电通量

根据前面的结果，可知矢量场 $\boldsymbol{E}$ 通过曲面 S 的通量 $\varPhi_E$ 可以用以下式子计算：

当 $\boldsymbol{E}$ 是均匀的并且垂直于 S，$\varPhi_E = |\boldsymbol{E}| \times$ （曲面面积），　　　　（1.9）

当 $\boldsymbol{E}$ 是均匀的并且与 S 有一定的夹角，$\varPhi_E = \boldsymbol{E} \cdot \boldsymbol{n} \times$ （曲面面积），　（1.10）

当 $\boldsymbol{E}$ 不是均匀的并且与 S 的夹角是变动的，$\varPhi_E = \int_S \boldsymbol{E} \cdot \boldsymbol{n}\mathrm{d}a$。　　（1.11）

这些关系式表明电通量是标量，单位为电场乘以面积（V·m）。但根据前面的粒子类比，是否就意味着电通量应当视为粒子流，而电场则是其密度与流速的乘积呢？

答案当然是"否"。当你采用物理类比时，你希望得到的是量之间的关系，而不是量本身。也就是说，你可以通过累积电场在曲面上的法向量分量得到电通量，但你不能认为电通量是某种粒子的物理运动。

那又应当如何认识电通量呢？有一个办法是直接利用表示电场的场线。前面讲过任意一点的电场的强度是由这一点所处场线的间距表示的。即电场强度正比于在该点处垂直于电场的平面上的场线密度（每平方米的场线数量）。整个平面上的密度的累积就是穿过平面的场线数量，而这正是电通量。因此可以得到电通量的另一种定义：

电通量（$\varPhi_E$）≡穿过曲面的电场线的数量。

当你将电通量视为穿过曲面的电场线的数量时要避免两个误解。一是场线只是电场的简略表示，在实际空间中电场是连续的。画多少条场线来表示一个电场取决于你，只要保持不同场强之间的一致性就可以——意思是说如果场强是两倍，表示场强的单位面积中的场线也应该是两倍。

二是对曲面的穿透是双向的；一旦曲面法向量 **n** 的方向确定了，平行于法向量并且方向相同的场线分量就为正通量，而（平行于 **n**）方向相反的分量就为负通量。如果有 5 条场线从一个方向穿过曲面（例如从上方穿到下方），又有 5 条场线从相反方向穿过（从下方穿到上方），则通量为零，因为两组场线的作用相互抵消了。因此，应当考虑穿透的方向，将电通量视为穿过曲面的场线的净数量。

如果仔细想想这一点，就可以得出一个关于闭合曲面的重要结论。以图 1.8 中的三个盒子为例。图 1.8a 中的盒子只被起始于盒子外部同时也终止于盒子外部的电场线穿过。因此穿进的场线必定会穿出，盒子的通量也就必然为零。

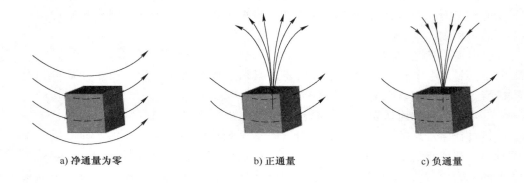

a) 净通量为零　　　　　　　b) 正通量　　　　　　　c) 负通量

图 1.8　穿过闭合曲面的流线

闭合曲面的单位法向量指向外部，因此穿进的通量（进入盒子的场线）的 **E** 和 **n** 之间的角度大于 90°时，**E · n** 结果为负。而穿出的通量（离开盒子的场线）的 **E** 和 **n** 之间的角度小于 90°时，**E · n** 结果为正，正好与穿进的通量相互抵消。

再来看图 1.8b 所示盒子。盒子不仅被源自外部的场线穿过，还有一部分场线是源自盒子内部。在这种情形下，场线净数量显然不为零，因为源自盒子内部的场线产生的正通量没有被进入的（负）通量抵消。因此如果穿过任何封闭曲面的通量为正，则曲面必定包围了场线的源（source）。

最后看图 1.8c 所示盒子。在这种情形中，一部分场线终止于盒子内部。这些场线在所穿进的曲面上产生负通量，由于它们没有穿出，因此导致净通量没有被正通量抵消。显然，如果穿过闭合曲面的通量为负，则曲面必定包围了场线的汇（sink）。

现在回想一下绘制电荷产生的电场线的经验法则的第一条；场线必须起始于正电荷并终止于负电荷。因此图 1.8b 中场线出发散开的点有一些正电荷，而图 1.8c 中场线终止收拢的点则存在一些负电荷。

如果这些位置上的电荷越多，则起始和终止于这些位置的场线也越多。如果盒子中的正负电荷一样多，则正电荷产生的正（向外）通量会正好与负电荷产生的负（向内）通量相互抵消。这时通量将为零，就像盒子内部的净电荷为零一样。

现在高斯定律背后的物理原理讲清楚了：穿过任意闭合曲面的电通量，即穿过曲面的电场线的数量，必定正比于曲面所包围的总电荷量。在应用它之前，我们还要先看看高斯定律的右边。

q_{enc} 包围的电荷

理解了通量的概念之后，就很容易理解为什么高斯定律右边只与包围的电荷有关，即闭合曲面内部的电荷决定了电通量。简单说就是曲面外部的电荷产生的向内（负）通量与向外（正）通量相等，因此对通过曲面的通量的净效应为零。

如何确定曲面包围的电荷呢？在一些问题中，你可以自由选择一个包围的电荷量为已知的曲面，如图 1.9 所示。每种情形中，所选择的曲面包围的总电荷数很容易从几何的角度来确定。

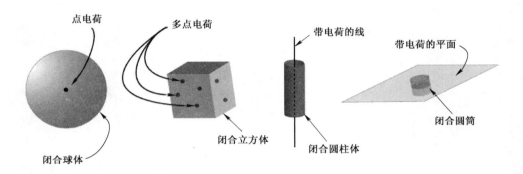

图 1.9　包围电荷量已知的曲面

对于任意形状曲面包围的离散电荷，计算总电荷只需将各个电荷相加即可。

$$\text{总电荷} = \sum_i q_i。$$

在物理和工程问题中可能会遇到少量离散电荷的情形，但在真实世界中更有可能遇到的是带有大量电荷的物体，电荷可能沿线分布，或是散布在表面，或是充满一个体。在这些情形中，统计电荷数量不太可行——但如果知道电荷密度，你就可以确定总电荷。电荷密度（见下表）可以是 1 维、2 维或 3 维（1-D、2-D 或 3-D）。

维数	术语	符号	单位
1	电荷线密度	λ	C/m
2	电荷面密度	σ	C/m^2
3	电荷体密度	ρ	C/m^3

如果电荷密度沿线、面和体保持不变，则计算包围的电荷只需用简单的乘法：

$$1\text{-D}：q_{\text{enc}} = \lambda L \ （L = \text{包围的带电荷线的长度}），\tag{1.12}$$

2-D：$q_{\text{enc}} = \sigma A$　（A = 包围的带电荷面的面积）， $\qquad$ (1.13)

3-D：$q_{\text{enc}} = \rho V$　（V = 包围的带电荷体的体积）。 $\qquad$ (1.14)

　　你也有可能遇到电荷密度沿线、面和体变化的情形。这时就需要用到"面积分"一节中所介绍的方法：

$$1\text{-D}: q_{\text{enc}} = \int_L \lambda\,\mathrm{d}l\,（\text{其中 } \lambda \text{ 沿线变化}），\qquad (1.15)$$

$$2\text{-D}: q_{\text{enc}} = \int_S \sigma\,\mathrm{d}a\,（\text{其中 } \sigma \text{ 沿面变化}），\qquad (1.16)$$

$$3\text{-D}: q_{\text{enc}} = \int_V \rho\,\mathrm{d}V\,（\text{其中 } \rho \text{ 沿体变化}）。\qquad (1.17)$$

　　请注意高斯电场定律中包围的电荷是**总**电荷，既包括自由电荷也包括束缚电荷，下一节会讲束缚电荷，在附录中还有只依赖于自由电荷的高斯定律版本。

　　对于任意大小和形状的曲面，一旦确定了包围的电荷，就很容易得到穿过曲面的电通量；只需用包围的电荷除以真空电容率 ε_0。下一节会介绍这个参数的物理意义。

$\boxed{\varepsilon_0}$ 真空电容率

高斯定律左边的电通量与右边包围的电荷之间的比例系数是真空电容率 ε_0。材料的电容率决定其对所施加的电场的反应——对于非导体（称为"绝缘体"或"电介质"），电荷不能自由移动，但有可能稍微改变它们的平衡位置。与高斯电场定律有关的电容率是真空电容率（或"自由空间电容率"），这也是它为什么带有下标 0 的原因。

根据国际单位制（SI），真空电容率的值为 8.85×10^{-12} 库仑/（伏特·米）［C/（V·m）］，有时候电容率的单位也会用法拉第/米（F/m），或用更基本的 $C^2 s^2$/（kg·m^3）。更高精度的真空电容率值为

$$\varepsilon_0 = 8.8541878176 \times 10^{-12} C/(V \cdot m)。$$

这个量意味着高斯定律只对真空成立吗？不是，高斯定律是通用的，既可以用于真空也可以用于电介质中的电场，只要你考虑包围的所有电荷，包括材料中原子所束缚的电荷。

束缚电荷的作用可以通过位于外部电场中的电介质中的情况来理解。在绝缘体内部，总电场的大小一般要小于所施加电场的大小。

这是因为电介质在电场中会发生"极化"，即正电荷和负电荷会离开原来的位置。正电荷会顺着所施加的电场移动，负电荷则逆着所施加的电场移动。移动后的电荷会产生与外界电场方向相反的电场，如图 1.10 所示。这会使得电介质内部的净电场要小于外电场。

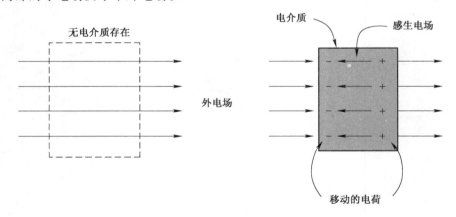

图 1.10　电介质中的感生电场

这种降低电场强度的特性使得电介质材料有一种很常见的用途：增加电容量和最大化电容的工作电压。平行平板电容器的电容量（存储电荷的能力）是：

$$C = \frac{\varepsilon A}{d},$$

式中，A 是平板面积；d 是板间距；ε 是板间材料的电容率。电容率高的材料在平板面积或板间距相同的条件下能提供更大的电容。

电介质的电容率通常表示为相对电容率，表明材料电容率相对于真空电容率的比率：

相对电容率 $\varepsilon_r = \varepsilon / \varepsilon_0$。

一些教科书将相对电容率称为"介电常数"，但是电容率随频率变化，因此"常数"用在这里并不合适。例如，冰的相对电容量，当频率低于 1kHz 时大约为 81，当频率高于 1MHz 时则会降到 5 以下。通常是将低频时的电容率作为介电常数。

关于电容率还有一点需要注意；在第 5 章你将看到，介质的电容率还是确定电磁波在介质中的传播速度的基本参数。

$$\oint_S \boldsymbol{E} \cdot \boldsymbol{n} \mathrm{d}a = q_{\mathrm{enc}}/\varepsilon_0 \quad \textbf{应用高斯电场定律(积分形式)}$$

检验你是否理解了高斯定律方程的最好方式是看看你能否用它来解决相关的问题。现在，你应当已经知道了高斯定律可以将穿过闭合曲面的电通量与曲面包围的电荷联系起来。下面是一些高斯定律的应用的例子。

例 1.1　给定电荷分布，求穿过包围电荷的闭合曲面的电通量。

问题　圆柱形曲面包围了 5 个点电荷，电荷量分别为 $q_1 = +3\mathrm{nC}$，$q_2 = -2\mathrm{nC}$，$q_3 = +2\mathrm{nC}$，$q_4 = +4\mathrm{nC}$，$q_5 = -1\mathrm{nC}$，求穿过 S 的总电通量。

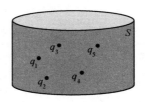

解　根据高斯定律，

$$\Phi_E = \oint_S \boldsymbol{E} \cdot \boldsymbol{n} \mathrm{d}a = \frac{q_{\mathrm{enc}}}{\varepsilon_0}。$$

对于离散电荷，总电荷等于各电荷之和。因此，

$$
\begin{aligned}
q_{\mathrm{enc}} &= 总电荷 \\
&= \sum_{i=1}^{5} q_i \\
&= (3 - 2 + 2 + 4 - 1) \times 10^{-9}\mathrm{C} \\
&= 6 \times 10^{-9}\mathrm{C}
\end{aligned}
$$

得到

$$\Phi_E = \frac{q_{\mathrm{enc}}}{\varepsilon_0} = \frac{6 \times 10^{-9}\mathrm{C}}{8.85 \times 10^{-12}\mathrm{C}/(\mathrm{V} \cdot \mathrm{m})} = 678\mathrm{V} \cdot \mathrm{m}。$$

这就是包围这些电荷的任意闭合曲面的总电通量。

例 1.2 给定穿过闭合曲面的电通量，求包围的电荷量。

问题 一条带电荷的线穿过球体的中心，电荷线密度为 $\lambda = 10^{-12} \text{C/m}$。如果球面的电通量为 $1.13 \times 10^{-3} \text{Vm}$，球的半径 R 是多少？

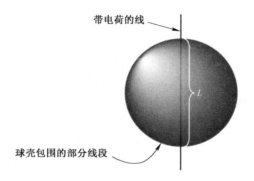

带电荷的线

L

球壳包围的部分线段

解 长为 L 的带电荷的线所带电荷量为 $q = \lambda L$。因此

$$\Phi_E = \frac{q_{\text{enc}}}{\varepsilon_0} = \frac{\lambda L}{\varepsilon_0}$$

得到

$$L = \frac{\Phi_E \varepsilon_0}{\lambda}。$$

由于 L 是球壳半径的两倍，因此

$$2R = \frac{\Phi_E \varepsilon_0}{\lambda} \quad \text{或} \quad R = \frac{\Phi_E \varepsilon_0}{2\lambda},$$

代入 Φ_E、ε_0 和 λ，得到 $R = 5 \times 10^{-3} \text{m}$。

例 1.3 求穿过闭合曲面一部分的电通量。

问题 将一个点电荷源置于部分球面的曲率中心，球面角分别从 θ_1 到 θ_2 和 ϕ_1 到 ϕ_2。求穿过这部分球面的电通量。

解 由于曲面是开放的，因此必须通过对穿过曲面的电场的法向分量进行积分来得到电通量。你可以通过高斯定律分析包围点电荷的完整球面来检查自己的答案。

电通量 Φ_E 为 $\int_S \boldsymbol{E} \cdot \boldsymbol{n}\mathrm{d}a$，其中 S 是要研究的球面部分，$\boldsymbol{E}$ 是位于曲率中心的点电荷在曲面上产生的电场，电荷与曲面的距离为 r。根据表 1.1，可知距点电荷为 r 处的电场为

$$\boldsymbol{E} = \frac{1}{4\pi\varepsilon_0}\frac{q}{r^2}\boldsymbol{r}。$$

在对曲面进行积分之前，还要考虑 $\boldsymbol{E} \cdot \boldsymbol{n}$（即求出电场垂直于曲面的分量）。在这个例子中就很容易，因为球面上各点的单位法向量 $\boldsymbol{n}$ 是沿半径方向向外（$\boldsymbol{r}$ 方向），如图 1.11 所示。这意味着 $\boldsymbol{E}$ 和 $\boldsymbol{n}$ 是平行的，电通量为

$$\Phi_E = \int_S \boldsymbol{E} \cdot \boldsymbol{n}\mathrm{d}a = \int_S |\boldsymbol{E}| \cdot |\boldsymbol{n}|\cos0°\mathrm{d}a = \int_S |\boldsymbol{E}|\mathrm{d}a = \int_S \frac{1}{4\pi\varepsilon_0}\frac{q}{r^2}\mathrm{d}a。$$

由于这里是对球面进行积分，用球面坐标系更方便。这时面积元为 $r^2\sin\theta\mathrm{d}\theta\mathrm{d}\phi$，面积分变成

$$\Phi_E = \iint_{\theta\ \phi} \frac{1}{4\pi\varepsilon_0}\frac{q}{r^2}\sin\theta\mathrm{d}\theta\mathrm{d}\phi = \frac{q}{4\pi\varepsilon_0}\int_\theta\sin\theta\mathrm{d}\theta\int_\phi\mathrm{d}\phi，$$

容易积分得到

$$\Phi_E = \frac{q}{4\pi\varepsilon_0}(\cos\theta_1 - \cos\theta_2)(\phi_2 - \phi_1)，$$

用完整球面（$\theta_1 = 0$，$\theta_2 = 2\pi$，$\phi_1 = 0$，$\phi_2 = 2\pi$）验证一下结果。得到

$$\Phi_E = \frac{q}{4\pi\varepsilon_0}[1 - (-1)](2\pi - 0) = \frac{q}{\varepsilon_0}，$$

正好验证了高斯定律的推论。

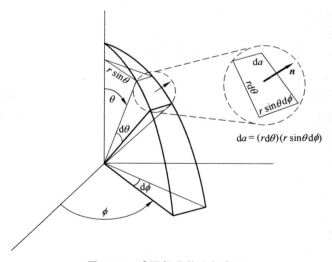

$$da = (r\mathrm{d}\theta)(r\sin\theta\mathrm{d}\phi)$$

图 1.11　球面部分的几何表示

例 1.4　给定曲面上的 E，求穿过曲面的电通量和曲面包围的电荷量。

问题　根据表 1.1，无穷长带电直线的电荷线密度为 λ，距离直线 r 处的电场为

$$E = \frac{1}{2\pi\varepsilon_0} \frac{\lambda}{r} \boldsymbol{r}。$$

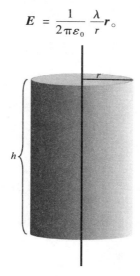

半径为 r 高度为 h 的圆柱面围绕部分直线，用上面的公式求穿过该圆柱面的电通量，并用高斯定律验证包围的电荷量为 λh。

　　解　这类问题最好是分别考虑圆柱的三个面的电通量：顶面、底面和侧面。穿过任意曲面的电通量的一般表达式为

$$\Phi_E = \int_S \boldsymbol{E} \cdot \boldsymbol{n} \mathrm{d}a,$$

在这个例子中是

$$\Phi_E = \int_S \frac{1}{2\pi\varepsilon_0} \frac{\lambda}{r} \boldsymbol{r} \cdot \boldsymbol{n} \mathrm{d}a。$$

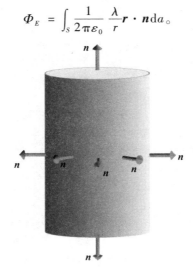

考虑三个面的单位法向量：由于电场是从圆柱的轴向外沿半径方向辐射的，因此 $\boldsymbol{E}$ 垂直于顶面和底面的法向量，平行于圆柱侧面的法向量。可得

$$\Phi_{E,\mathrm{top}} = \int_S \frac{1}{2\pi\varepsilon_0} \frac{\lambda}{r} \boldsymbol{r} \cdot \boldsymbol{n}_{\mathrm{top}} \mathrm{d}a = 0,$$

$$\Phi_{E,\mathrm{bottom}} = \int_S \frac{1}{2\pi\varepsilon_0} \frac{\lambda}{r} \boldsymbol{r} \cdot \boldsymbol{n}_{\mathrm{bottom}} \mathrm{d}a = 0,$$

$$\Phi_{E,\mathrm{side}} = \int_S \frac{1}{2\pi\varepsilon_0} \frac{\lambda}{r} \boldsymbol{r} \cdot \boldsymbol{n}_{\mathrm{side}} \mathrm{d}a = \frac{1}{2\pi\varepsilon_0} \frac{\lambda}{r} \int_S \mathrm{d}a,$$

圆柱曲面的侧面积为 $2\pi rh$，代入得到

$$\Phi_{E,\text{side}} = \frac{1}{2\pi\varepsilon_0}\frac{\lambda}{r}(2\pi rh) = \frac{\lambda h}{\varepsilon_0}。$$

根据高斯定律可知其必须等于 $q_{\text{enc}}/\varepsilon_0$，正好验证了包围的电荷量为 $q_{\text{enc}} = \lambda h$。

例 1.5 给定对称的电荷分布，求 E。

用高斯定律求电场似乎是不可能的任务。虽然方程中出现了电场，但只是通过点乘得到法向分量，并且只是整个曲面上法向分量的积分正比于所包围的电荷。有没有哪种实际情形可以从中推出嵌在高斯定律中的电场呢？

让人高兴的是，答案是有。你的确可以用高斯定律得出电场，不过是在高度对称的情形下。如果你可以设计出真实或假想的包围已知数量电荷的"特定的高斯曲面"，你就可以确定电场。特定的高斯曲面符合以下条件：

（1）电场要么平行要么垂直于曲面法向量（这样点乘就能转化成代数乘法）；

（2）电场在曲面的各部分要么是常数要么是零（这样就可以将电场从积分式中提取出来）。

当然，如果电荷是随意分布的，则围绕电荷的任何曲面都无法满足以上条件中的一条。但是在有些情形中电荷的分布是对称的，可以构造特定的高斯曲面。尤其是，球形电荷分布、无穷长带电荷的直线以及无穷大带电荷平面周围的电场，都有可能直接应用高斯定律的积分形式来确定。几何上接近这些理想条件，或是可以通过对它们进行组合来逼近，也有可能用高斯定律来解决。

下面的问题展示了如何应用高斯定律计算电荷球形分布的电场；还有一些例子在习题中（网站上有习题答案）。

　　问题　已知电荷分布均匀的球体，其电荷体密度为 ρ，半径为 a，用高斯定律计算距球心 r 处的电场。

　　解　首先，考虑球外部的电场。由于电荷分布是球对称的，因此有理由推测电场是完全放射状的（即指向外或远离球体）。如果不是很明白，可以设想一下如果电场有非放射分量（比如沿 θ 或 φ 方向）会怎么样；沿任意轴旋转球体，就会改变电场的方向。然而电荷在球体上是均匀分布的，各方向都是一样的（旋转球体只是将一块换成另一块，每块都是一样的）因此不会改变电场。面对这样的难题时，你能得出的结论只能是，球对称分布的电荷的电场必定是完全放射状的。

　　要用高斯定律得出这种放射电场的值，你必须构想一个曲面，让其满足特定的高斯曲面的条件；E 在所有位置上都必须要么平行要么垂直于曲面法向量，并且 E 在曲面上必须处处一样。对于放射状电场，只有一种形状；高斯曲面必须是以带电球体为中心的球面，如图 1.12 所示。请注意并不需要有一个真实的曲面，特定的高斯曲面可以是完全虚构的——它只是一个构造物，让你能计算点乘并将电场从高斯定律的面积分中提取出来。

　　由于放射状电场处处都平行于曲面法向量，高斯定律积分中的 $E \cdot n$ 就变成了 $|E| \cdot |n| \cos 0°$，穿过高斯曲面 S 的电通量为

$$\Phi_E = \oint_S E \cdot n \, \mathrm{d}a = \oint_S |E| \, \mathrm{d}a。$$

由于 $|E|$ 与 θ 和 φ 无关，因此在曲面 S 上必定为常数，可以从积分中提取出来：

$$\Phi_E = \oint_S |E| \, \mathrm{d}a = |E| \oint_S \mathrm{d}a = |E| (4\pi r^2)，$$

其中，r 是特定的高斯曲面的半径。现在可以用高斯定律得出电场的值：

$$\Phi_E = |E| (4\pi r^2) = \frac{q_{\mathrm{enc}}}{\varepsilon_0}，$$

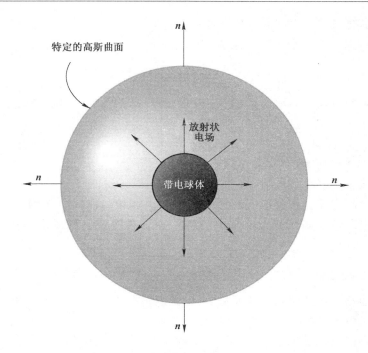

图 1.12　包围带电球体的特定的高斯曲面

得到

$$|\boldsymbol{E}| = \frac{q_{\mathrm{enc}}}{4\pi\varepsilon_0 r^2},$$

其中，q_{enc} 为高斯曲面包围的电荷量。这个公式对球体内部和外部的电场都适用。

在计算球体外部电场时，构造半径 $r > a$ 的高斯曲面，将整个带电球体都包围在高斯曲面中。这样所包围的电荷量就是电荷量密度乘以带电球体的整个体积：$q_{\mathrm{enc}} = (4/3)\pi a^3 \rho$。因此，

$$|\boldsymbol{E}| = \frac{(4/3)\pi a^3 \rho}{4\pi\varepsilon_0 r^2} = \frac{\rho a^3}{3\varepsilon_0 r^2}(\text{球体外部})。$$

要计算带电球体内部的电场，可以构造 $r < a$ 的高斯曲面。这时，包围的电荷量为电荷密度乘以高斯曲面的体积：$q_{\text{enc}} = (4/3)\pi r^3 \rho$。因此，

$$|E| = \frac{(4/3)\pi r^3 \rho}{4\pi\varepsilon_0 r^2} = \frac{\rho r}{3\varepsilon_0}(\text{球体内部})。$$

成功利用特定的高斯曲面的关键是找到合适的曲面形状，然后调整其大小让其经过所求电场的点。

1.2　高斯电场定律的微分形式

高斯电场定律的积分形式在穿过曲面的电通量与曲面所包围的电荷之间建立了关联——但是同所有麦克斯韦方程一样，高斯定律可以表示为微分形式。微分形式通常记作

$$\nabla \cdot E = \frac{\rho}{\varepsilon_0} \qquad \text{高斯电场定律（微分形式）。}$$

方程的左边是电场散度的数学表示（场的散度是场从特定区域往外"流"的趋势），而右边则是电荷密度除以真空电容率。

如果不熟悉矢量微分算子（∇，del 算子）或是散度的概念，也不用担心（后面会对其进行讨论）。现在先理解高斯定律微分形式的主要思想：

> 电荷产生的电场从正电荷散开，汇聚到负电荷。

换句话说，电场散度不为零的地方就存在电荷。如果有正电荷，散度就为正，表明电场有从这里"流"出的趋势。如果有负电荷，则散度为负，场线倾向于"流"向这个点。

请注意高斯定律的微分形式和积分形式之间有一个根本区别；微分形式处理的是**空间中一点处**电场的散度与电荷密度的关系，而积分形式处理的则是电场在**整个曲面上**的法向分量的积分。熟悉了这两种形式就能知道在解决问题时哪种形式更适合。

为了帮助理解高斯电场定律的微分形式中每个符号的意义，下面给出了展开图：

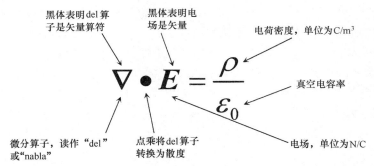

高斯定律的微分形式有什么用呢？如果知道了电场矢量场在特定位置的空间变化，就可以用其算出在该位置上的电荷体密度。而如果知道了电荷体密度，就可以确定电场的散度。

▽ Nabla——del 算子

颠倒过来的大写希腊字母 Δ 在四个麦克斯韦方程的微分形式中都有出现。这个符号表示矢量微分算子，读作"nabla"或"del"，它的出现是告诉你取算子所作用的量的微分。微分的具体形式取决于 del 算子后面跟着的符号，"▽·"表示散度，"▽×"表示旋度，"▽"表示梯度。后面会讨论这些运算；现在我们只要知道算子是什么以及如何在笛卡儿坐标系中表示 del 算子。

同所有好的数学算符一样，del 算子也是一个等待执行的行为。就好比"$\sqrt{}$"是告诉我们对它下方的数取平方根，▽表示的则是在三个方向上取导数。即，

$$\nabla \equiv i\,\frac{\partial}{\partial x} + j\,\frac{\partial}{\partial y} + k\,\frac{\partial}{\partial z}, \tag{1.18}$$

其中，i、j 和 k 分别是笛卡儿坐标 x、y 和 z 轴方向的单位矢量。这个表达式显得有点奇怪，因为少了要运算的对象。在高斯电场定律中，del 算子是点乘电场向量，得到 E 的散度。下一节会介绍这个运算及其结果。

$\boxed{\nabla\cdot}$ del 点——散度

　　散度的概念在许多物理学和工程领域中都很重要，尤其是在关注矢量场特性的领域。麦克斯韦用"汇聚"一词描述对电场线"流"向负电荷的速度的度量（正的汇聚与负电荷相关联）。后来，海维赛德（Oliver Heaviside）建议用"散度"描述同一个量的负值。这样，正的散度就与电场线从正电荷"流"开关联了起来。

　　通量和散度处理的都是矢量场的"流"，但有一个重要区别：通量是在面积上定义的，而散度则是针对每个点。如果是流体，一个点的散度度量的是流向量从这个点散开的趋势（即带走的东西多于带来的东西）。因此散度为正的点是源（在流体中是水龙头，在静电场中就是正电荷），而散度为负的点就是汇（在流体中是出水口，在静电场中就是负电荷）。

　　散度的数学定义可以理解为穿过围绕着点的无穷小曲面的通量。当曲面 S 包围的体积趋近于 0 时，矢量场 A 穿过曲面 S 的通量与曲面包围的体积的比值就是 A 的散度：

$$\operatorname{div}(A) \;=\; \boldsymbol{\nabla}\cdot A \equiv \lim_{\Delta V\to 0}\frac{1}{\Delta V}\oint_S A\cdot n\,\mathrm{d}a \tag{1.19}$$

这个公式阐释了散度与通量之间的关系，但在计算给定矢量场的散度时不是很有用。在这一节后面你会看到关于散度的更好用的数学公式，但请你先看看图 1.13 中的矢量场。

　　要找出这些场中散度为正的位置，只需找出哪些点的矢量流在散开或是主要指向外较少指向内。一些书建议你想象流水中散布的锯屑来理解散度；如果锯屑被驱散，就是散度为正的点，如果变得集中，就是散度为负的地方。

　　根据这个原则，很显然像图 1.13a 中的 1 和 2 以及图 1.13b 中的 3 都是散度为正的点，而点 4 的散度则为负。

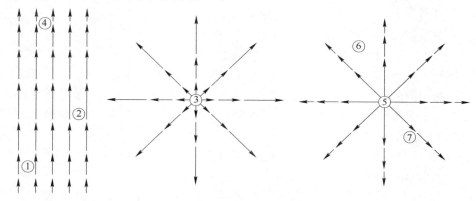

图 1.13　有各种散度值的矢量场

　　图 1.13c 中各点的散度不太明显。5 显然是正散度点，但 6 和 7 呢？这些地方的流线显然在散开，但它们在离开中心的时候也变得越来越短。散开能抵得上流的减缓吗？

　　要回答这些问题，不仅需要关于矢量场如何变化的描述，还要有可用的数学形式。对矢量场 A 来说，其散度的数学操作的微分形式或"del 点"（$\nabla \cdot$）在笛卡儿坐标系中是

$$\nabla \cdot A = \left(i\frac{\partial}{\partial x} + j\frac{\partial}{\partial y} + k\frac{\partial}{\partial z} \right) \cdot (iA_x + jA_y + kA_z),$$

由于 $i \cdot i = j \cdot j = k \cdot k = 1$，可得

$$\nabla \cdot A = \left(\frac{\partial A_x}{\partial x} + \frac{\partial A_y}{\partial y} + \frac{\partial A_z}{\partial z} \right) \tag{1.20}$$

因此矢量场 A 的散度就是其 x 分量沿 x 轴的变化加上 y 分量沿 y 轴的变化加上 z 分量沿 z 轴的变化。请注意矢量场的散度是标量，有大小但没有方向。

现在你可以将其应用于图 1.13 中的矢量场。在图 1.13a 中，假定矢量场的幅值沿 x 轴正弦变化（这里的 x 轴是垂直的），$\boldsymbol{A} = \sin(\pi x)\boldsymbol{i}$，沿 y 和 z 轴则不变。因此，A_y 和 A_z 等于零，得到

$$\nabla \cdot \boldsymbol{A} = \frac{\partial A_x}{\partial x} = \pi\cos(\pi x),$$

上式当 $0 < x < 1/2$ 时为正；当 $x = 1/2$ 时为 0；当 $1/2 < x < 1/3$ 时为负，同直观上看到的一样。

再来看看图 1.13b，这是一个放射状对称矢量场的截面，幅值正比于与原点距离的平方，$\boldsymbol{A} = r^2\boldsymbol{r}$。由于 $r^2 = (x^2 + y^2 + z^2)$ 且

$$\boldsymbol{r} = \frac{x\boldsymbol{i} + y\boldsymbol{j} + z\boldsymbol{k}}{\sqrt{x^2 + y^2 + z^2}}$$

因此有

$$\boldsymbol{A} = r^2\boldsymbol{r} = (x^2 + y^2 + z^2)\frac{x\boldsymbol{i} + y\boldsymbol{j} + z\boldsymbol{k}}{\sqrt{x^2 + y^2 + z^2}},$$

而

$$\frac{\partial A_x}{\partial x} = (x^2 + y^2 + z^2)^{(1/2)} + x\left(\frac{1}{2}\right)(x^2 + y^2 + z^2)^{-(1/2)}(2x),$$

对 y 分量和 z 分量进行同样操作，加在一起可得

$$\nabla \cdot \boldsymbol{A} = 3(x^2 + y^2 + z^2)^{(1/2)} + \frac{x^2 + y^2 + z^2}{\sqrt{x^2 + y^2 + z^2}} = 4(x^2 + y^2 + z^2)^{(1/2)} = 4r,$$

因此，图 1.13b 中矢量场的散度随着与原点的距离线性增加。

最后来看图 1.13c 中的矢量场，它与前面的例子相似，但矢量场的幅值反比于与原点距离的平方。流线同图 1.13b 一样散开，但你可能会怀疑矢量场幅值的减小会影响散度的值。由于 $\boldsymbol{A} = (1/r^2)\boldsymbol{r}$，

$$\boldsymbol{A} = \frac{1}{x^2 + y^2 + z^2}\frac{x\boldsymbol{i} + y\boldsymbol{j} + z\boldsymbol{k}}{\sqrt{x^2 + y^2 + z^2}} = \frac{x\boldsymbol{i} + y\boldsymbol{j} + z\boldsymbol{k}}{(x^2 + y^2 + z^2)^{(3/2)}},$$

以及

$$\frac{\partial A_x}{\partial x} = \frac{1}{(x^2 + y^2 + z^2)^{(3/2)}} - x\left(\frac{3}{2}\right)(x^2 + y^2 + z^2)^{-(5/2)}(2x),$$

加上 x 分量和 y 分量的导数，得到

$$\nabla \cdot A = \frac{3}{(x^2 + y^2 + z^2)^{(3/2)}} - \frac{3(x^2 + y^2 + z^2)}{(x^2 + y^2 + z^2)^{(5/2)}} = 0。$$

　　这证实了前面的怀疑，矢量场幅值随着与原点的距离的增加而减小并且抵消了流线的散开。请注意这是在矢量场的幅值以 $1/r^2$ 降低的条件下才成立（在下一节你会看到，这种情形尤其是与电场有关）。

　　在考虑电场的散度时，应当记住有些问题在非笛卡儿坐标系中更容易解决。在圆柱和球坐标系中，散度的计算公式为

$$\nabla \cdot A = \frac{1}{r}\frac{\partial}{\partial r}(rA_r) + \frac{1}{r}\frac{\partial A_\phi}{\partial \phi} + \frac{\partial A_z}{\partial z}, \quad （圆柱坐标） \quad (1.21)$$

$$\nabla \cdot A = \frac{1}{r^2}\frac{\partial}{\partial r}(r^2 A_r) + \frac{1}{r\sin\theta}\frac{\partial}{\partial \theta}(A_\theta \sin\theta) + \frac{1}{r\sin\theta}\frac{\partial A_\phi}{\partial \phi}。 \quad （球坐标） \quad (1.22)$$

　　如果你怀疑选择合适的坐标系能否带来便利，那么可以试试用球坐标系解决本节中最后面的两个例子。

$\boxed{\nabla \cdot E}$ 电场的散度

这个表达式是高斯定律微分形式的整个左边，表示的是电场的散度。在静电场中，所有电场线都是从正电荷开始到负电荷结束，因此可以理解这个公式正比于各点的电荷密度。

考虑正电荷的电场；电场线源自正电荷，根据表 1.1 可知电场是放射状的，以 $1/r^2$ 的速率减小：

$$E = \frac{1}{4\pi\varepsilon_0}\frac{q}{r^2}r,$$

这种情况类似于图 1.13c 的矢量场，其散度为零。因此电场线的散开正好抵消了电场幅值的 $1/r^2$ 减小，电场的散度在原点外的所有点都为零。

分析中将原点($r=0$)排除是因为散度公式中有分母含 r 的项，随着 r 趋近于零，这些项会有问题。要计算原点的散度，需要用到散度的定义：

$$\nabla \cdot E \equiv \lim_{\Delta V \to 0}\frac{1}{\Delta V}\oint_S E \cdot n\mathrm{d}a。$$

考虑包围点电荷 q 的特定高斯曲面，有

$$\nabla \cdot E \equiv \lim_{\Delta V \to 0}\left(\frac{1}{\Delta V}\frac{q}{4\pi\varepsilon_0 r^2}\oint_S \mathrm{d}a\right) = \lim_{\Delta V \to 0}\left[\frac{1}{\Delta V}\frac{q}{4\pi\varepsilon_0 r^2}(4\pi r^2)\right]$$

$$= \lim_{\Delta V \to 0}\left(\frac{1}{\Delta V}\frac{q}{\varepsilon_0}\right),$$

而 $q/\Delta V$ 正是 ΔV 体积中的电荷平均密度，随着 ΔV 趋近 0，它会趋近于原点处的电荷密度 ρ。因此原点的散度为

$$\nabla \cdot E = \frac{\rho}{\varepsilon_0},$$

同高斯定律一致。

  花点时间确保自己理解了最后一点的意义是十分值得的。粗略一看点电荷附近的电场，似乎是处处"散开"（相互离得越来越远）。但就像你看到的，幅值以 $1/r^2$ 的速率减小的放射状矢量场除了原点外实际上处处散度为**零**。决定散度的关键因素不是场线是否散开，而是在那一点周围的无穷小体积中**穿出**的通量是大于、等于还是小于**穿入**的通量。如果穿出的通量超过穿入的通量，则这一点的散度为正。如果穿出的通量小于穿入的通量，则散度为负，如果出入通量相等，则散度为零。

  在原点处为点电荷的例子中，当且仅当无穷小曲面包围了点电荷，曲面的通量才不为零。而在其他点，穿入和穿出小曲面的通量必定为零（因为没有包围电荷），电场的散度也就必定为零。

$\boxed{\boldsymbol{\nabla} \cdot \boldsymbol{E} = \rho / \varepsilon_0}$ 应用高斯电场定律（微分形式）

你最有可能遇到的高斯定律微分形式的应用问题是计算电场的散度并根据结果判断特定位置的电荷密度。

下面的例子将会帮助你理解如何解决这类问题。

例 1.6 给定矢量电场的公式，求特定位置电场的散度。

问题 如果图 1.13a 的矢量场改为

$$A = \sin\left(\frac{\pi}{2}y\right)i - \sin\left(\frac{\pi}{2}x\right)j,$$

区间为 $-0.5 < x < +0.5$ 和 $-0.5 < y < +0.5$，则电场线与图 1.13a 会有什么不同呢？散度又是什么样的呢？

解 当面对这类问题时，你可以尝试直接求导确定场的散度。更好的办法是观察一下场，尝试将场线可视化——在有些情形中这个工作可能很难。幸运的是，有许多计算工具可以极为方便地展示矢量场的细节，例如 MATLAB 和免费的 Octave。利用 MATLAB 的"quiver"命令可以看到图 1.14 中那样的场。

如果你对场的方向感到惊讶，注意场的 x 分量取决于 y（因此场在 x 轴上方指向右边，在 x 轴下方指向左边），而场的 y 分量取决于 x（因此场在 y 轴左方指向上边，在 y 轴右方指向下边）。结合以上特点就得到了图 1.14 所描绘的场。

仔细观察这个场可以发现场线既不聚拢也不散开，只是简单地绕圈。计算散度可以确认这一点，

$$\boldsymbol{\nabla} \cdot \boldsymbol{A} = \frac{\partial}{\partial x}\left[\sin\left(\frac{\pi}{2}y\right)\right] - \frac{\partial}{\partial y}\left[\sin\left(\frac{\pi}{2}x\right)\right] = 0 \text{。}$$

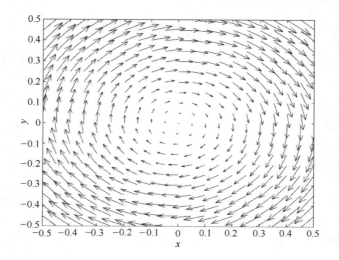

图 1.14　矢量场 $A = \sin\left(\dfrac{\pi}{2}y\right)i - \sin\left(\dfrac{\pi}{2}x\right)j$

绕回到自身的电场不是电荷产生的，而是变化的磁场产生的。第 3 章中将会讨论这类螺旋场。

例 1.7　给定特定区域的矢量电场，求区域中某个位置上的电荷密度。

问题　电场如下式所示

$$E = ax^2 i \frac{V}{m}, \quad x = 0 \sim 3\text{m},$$

$$E = bi \frac{V}{m}, \quad x > 3\text{m}。$$

求 $x = 2\text{m}$ 和 $x = 5\text{m}$ 处的电荷密度。

解　根据高斯定律，在 $x = 0 \sim 3\text{m}$，

$$\nabla \cdot E = \frac{\rho}{\varepsilon_0} = \left(i\frac{\partial}{\partial x} + j\frac{\partial}{\partial y} + k\frac{\partial}{\partial k}\right) \cdot (ax^2 i),$$

$$\frac{\rho}{\varepsilon_0} = \frac{\partial(ax^2)}{\partial x} = 2xa,$$

$$\rho = 2xa\varepsilon_0,$$

因此当 $x = 2\text{m}$ 时，$\rho = 4a\varepsilon_0$。

在 $x > 3\text{m}$ 区域，

$$\nabla \cdot \boldsymbol{E} = \frac{\rho}{\varepsilon_0} = \left(\boldsymbol{i}\frac{\partial}{\partial x} + \boldsymbol{j}\frac{\partial}{\partial y} + \boldsymbol{k}\frac{\partial}{\partial k} \right) \cdot (b\boldsymbol{i}) = 0,$$

因此当 $x = 5\text{m}$ 时，$\rho = 0$。

习题

下面的题目将检验你对高斯电场定律的理解。本书的网站上有完整解答。

1.1　一个球面包围了 15 个质子和 10 个电子，求穿过球面的电通量。球面的大小有影响吗？

1.2　变长为 L 的立方体包围了一个平面，平面上的电荷密度为 $\sigma = -3xy$。如果平面范围从 $x = 0$ 到 $x = L$，$y = 0$ 到 $y = L$，则穿过立方体表面的电通量是多少？

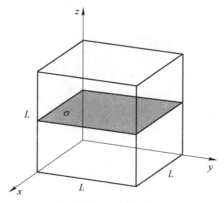

1.3　闭合圆柱体包围一条沿轴的电荷线，电荷线密度为 $\lambda = \lambda_0(1 - x/h)\text{C/m}$，圆柱和线的范围从 $x = 0$ 到 $x = h$，求穿过圆柱体的总电通量。

1.4　半径为 a_0 的带电球体，电荷体密度为 $\rho = \rho_0 (r/a_0)$，其中 r 是与球中心的距离，求包围球体的任意闭合曲面的电通量。

1.5　电荷面密度为 $2 \times 10^{-10} C/m^2$ 的圆盘被半径为 1m 的球包围。如果穿过球面的电通量为 $5.2 \times 10^{-2} V \cdot m$，圆盘半径是多大？

1.6　$10cm \times 10cm$ 的平板距 $10^{-8} C$ 的点电荷 5cm。求点电荷产生的电场穿过平板的电通量。

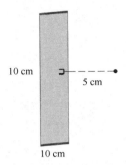

1.7　高为 h 的半圆柱，轴线上有一条无穷长的线电荷，电荷密度为 λ，求穿过半圆柱的电通量。

1.8　一个质子位于半径为 R 的半球面的边缘中心。求穿过半球面的电通量。

1.9　用特定的高斯曲面包围一条无穷长线电荷以求出线电荷的电场关于距离的函数。

1.10　无穷大平面的面电荷密度为 σ，用特定的高斯曲面证明电场幅值为 $|\boldsymbol{E}| = \sigma/2\varepsilon_0$。

1.11　球坐标系中给定矢量场 $\boldsymbol{A} = (1/r)\boldsymbol{r}$，求散度。

1.12　球坐标系中给定矢量场 $\boldsymbol{A} = r\boldsymbol{r}$，求散度。

1.13　给定矢量场

$$\boldsymbol{A} = \cos\left(\pi y - \frac{\pi}{2}\right)\boldsymbol{i} + \sin(\pi x)\boldsymbol{j},$$

描出场线并求场的散度。

1.14　圆柱坐标系中给定电场

$$\boldsymbol{E} = \frac{az}{r}\boldsymbol{r} + br\boldsymbol{\phi} + cr^2z^2\boldsymbol{z},$$

求电荷密度。

1.15　球坐标系中给定电场

$$\boldsymbol{E} = ar^2\boldsymbol{r} + \frac{b\cos(\theta)}{r}\boldsymbol{\theta} + c\boldsymbol{\phi},$$

求电荷密度。

第 2 章　高斯磁场定律

高斯磁场定律与高斯电场定律形式相似而内容不同。无论是电场还是磁场，高斯定律的积分形式都关注场穿过闭合曲面的通量，而微分形式则关注场在一点的散度。

高斯电场定律和磁场定律之所以不同，关键在于相反的电荷（"正电荷"和"负电荷"）可以相互分离，而相反的磁极（"北极"和"南极"）则总是成对出现。可以想见，自然界不存在磁单极子这个事实对磁通量的特性和磁场的散度会有深刻影响。

2.1　高斯磁场定律的积分形式

高斯定律有许多表现形式，但积分形式通常是这样：

$$\oint_S \boldsymbol{B} \cdot \boldsymbol{n} \mathrm{d}a = 0 \quad \text{高斯磁场定律（积分形式）。}$$

同上一章一样，方程左边是场穿过闭合曲面的通量的数学描述。不过这里是穿过闭合曲面 S 的磁通量（磁力线的数量），而右边则等于零。

这一章你将看到为什么这条定律与电场定律不一样，同时还有用磁场定律解题的一些例子——不过首先你要理解高斯磁场定律的主要思想：

　　　　　　　　　　　　┃穿过任意闭合曲面的总磁通量为零。┃

　　也就是说，如果有一个真实的或想象的任意大小和形状的闭合曲面，穿过这个曲面的总磁通量必定为零。请注意这并不是说没有磁力线穿过曲面——而是说对每条进入曲面内部的磁力线都相应有从内部穿出的磁力线。从而向内的（负）磁通量正好与向外的（正）磁通量抵消。

　　高斯磁场定律中许多符号与上一章都一样，因此这一章只列出磁场定律中特有的符号。下面是展开图：

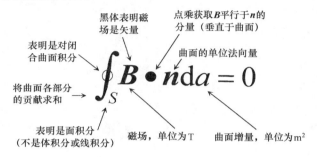

　　高斯磁场定律成立是因为自然界没有单独的磁极（"磁单极"）。如果存在单独的磁极，它们就会成为磁力线的源和汇，就像电荷产生电场线一样。如果是这样，包围单个磁极的闭合曲面的磁通量就不会为零（就像包围电荷导致电通量不为零一样）。到目前为止，还没有发现磁单极，所有磁极都是南北极成对出现。因此高斯磁场定律的右边等于零。

　　利用穿过闭合曲面的总磁通量等于零可以解决许多涉及复杂曲面的问题，尤其是当曲面的一部分的磁通量可以通过积分得到时。

$\boxed{B}$ 磁场

电场可以通过考虑一个小的检验电荷受到的电力界定，与之类似，磁场也可以用移动带电粒子受到的磁力来界定。你可能还记得，带电粒子只有在相对于磁场运动时才会受到磁力作用，洛仑兹磁力方程表示的就是这个：

$$F_B = q \boldsymbol{v} \times \boldsymbol{B} \tag{2.1}$$

式中，F_B 是磁力；q 是粒子电荷量；$\boldsymbol{v}$ 是粒子速度（相对于 $\boldsymbol{B}$）；$\boldsymbol{B}$ 是磁场。

根据矢量的叉乘定义，$|\boldsymbol{a} \times \boldsymbol{b}| = |\boldsymbol{a}||\boldsymbol{b}|\sin\theta$，其中 θ 是 a 和 b 之间的夹角，可以得到磁场的幅值

$$|\boldsymbol{B}| = \frac{|F_B|}{q|\boldsymbol{v}|\sin\theta} \tag{2.2}$$

式中，θ 是速度矢量 $\boldsymbol{v}$ 和磁场 $\boldsymbol{B}$ 之间的夹角。磁场量的术语不像电场量那样标准，你在教科书中可能见到将 B 称为"磁感应强度"或"磁通密度"。无论什么叫法，$\boldsymbol{B}$ 的单位包括 $V \cdot s/m^2$、$N/(A \cdot m)$、$kg/(C \cdot s)$ 和特斯拉（T），都等价于 $N/(C \cdot m/s)$。

将方程（2.2）与电场的相关方程（1.1）比较，可以发现磁场和电场有几个重要差别：

● 与电场类似，磁场直接正比于磁力。但 E 的方向平行于电力，而 B 的方向则垂直于磁力。

● 与 E 类似，磁场可以用小的检验电荷的受力界定，但与 E 不同的是，在分析磁力和磁场的关系时必须考虑检验电荷的速度和方向。

● 由于磁力总是垂直于瞬时速度，因此磁力沿运动方向的分量总是等于零，因此磁场做的功也总是等于零。

● 静电场由电荷产生，磁场则是由电流产生。

磁场可以用场线表示，垂直于场线方向的平面上的场线密度正比于场强。图 2.1 给出了几个与高斯定律应用有关的磁场例子。

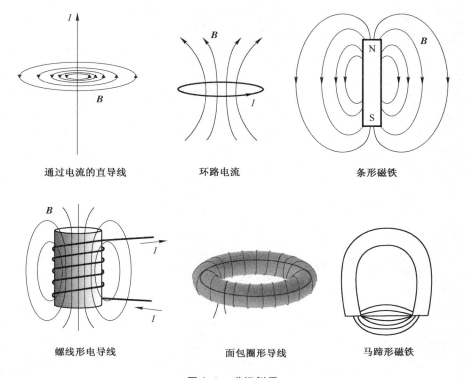

通过电流的直导线　　　　　　　　环路电流　　　　　　　　　条形磁铁

螺线形电导线　　　　　　　　面包圈形导线　　　　　　　马蹄形磁铁

图 2.1　磁场例子

下面是一些可以帮助你描绘电流产生的磁场的经验法则：

- 磁力线不是源自或终止于电荷；它们形成封闭的环。
- 磁铁产生的磁场看似源自北极终止于南极，实际上是连续的环（在磁铁内部，场线继续在两极之间延伸）。
- 任何一点的净磁场等于这一点存在的所有磁场的矢量和。
- 磁力线不相交，因为这意味着磁场在一个位置上有两个不同的方向——如果有多个不同的磁场在一个位置上重叠，它们会（矢量）叠加产生唯一的总场。

　　所有的静态磁场都是由运动的电荷产生。一段微电流元在特定的位置 P 产生的磁场 $\mathrm{d}\boldsymbol{B}$ 可以根据毕奥-萨伐尔定律求得：

$$\mathrm{d}\boldsymbol{B} = \frac{\mu_0}{4\pi} \frac{I\mathrm{d}\boldsymbol{l} \times \boldsymbol{r}}{r^2}$$

式中，μ_0 是真空磁导率；I 是微元电流；$\mathrm{d}\boldsymbol{l}$ 是有长度的电流元矢量，指向电流方向；$\boldsymbol{r}$ 是从电流元指向要计算磁场的点 P 的单位矢量；r 是电流元与 P 的距离；如图 2.2 所示。

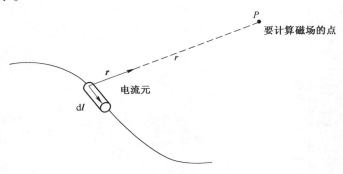

图 2.2　毕奥-萨伐尔定律示意图

表 2.1 列出了一些简单物体附近的磁场公式。

表 2.1　简单物体的磁场公式

电流为 I 的无穷长导线（距离 r 处）	$\boldsymbol{B} = \dfrac{\mu_0 I}{2\pi r}\boldsymbol{\varphi}$
电流为 I 的一段导线（距离 r 处）	$\mathrm{d}\boldsymbol{B} = \dfrac{\mu_0}{4\pi} \dfrac{I\mathrm{d}\boldsymbol{l} \times \boldsymbol{r}}{r^2}$
电流为 I 半径为 R 的环路电流 （环位于 yz 平面，与 x 轴的距离为 x）	$\boldsymbol{B} = \dfrac{\mu_0 I R^2}{2(x^2 + R^2)^{3/2}}\boldsymbol{x}$
螺线管，圈数为 N，长为 l，电流为 I	$\boldsymbol{B} = \dfrac{\mu_0 N I}{l}\boldsymbol{x}$（内部）
面包圈，圈数为 N，半径为 r，电流为 I	$\boldsymbol{B} = \dfrac{\mu_0 N I}{2\pi r}\boldsymbol{\varphi}$（内部）

$\oint_S \boldsymbol{B} \cdot \boldsymbol{n}\mathrm{d}a$　通过闭合曲面的磁通量

类似于电通量 $\varPhi_E$，磁通量 $\varPhi_B$ 也可以视为"流"过曲面的磁场"总量"。这个量的计算依情况而定：

$$\varPhi_B = |\boldsymbol{B}| \times (\text{曲面面积}) \text{，当 } \boldsymbol{B} \text{ 是均匀的并且垂直于 } S \text{ 时，} \tag{2.3}$$

$$\varPhi_B = \boldsymbol{B} \cdot \boldsymbol{n} \times (\text{曲面面积}) \text{，当 } \boldsymbol{B} \text{ 是均匀的并且与 } S \text{ 有一定的夹角时，} \tag{2.4}$$

$$\varPhi_B = \oint_S \boldsymbol{B} \cdot \boldsymbol{n}\mathrm{d}a \text{，当 } \boldsymbol{B} \text{ 不是均匀的并且与 } S \text{ 的夹角是可变的时。} \tag{2.5}$$

类似于电通量，磁通量也是标量，磁通量的单位有专门的名称"韦伯"（缩写为 Wb，根据上面的公式，等价于 $\mathrm{T} \cdot \mathrm{m}^2$）。

同电通量一样，穿过曲面的磁通量可以视为穿过曲面的磁力线的数量。在考虑磁力线的数量时，不要忘了磁场同电场一样，在空间中实际是连续的。只有在你所画的场线数量和场强之间建立关联之后，"场线的数量"才有意义。

在考虑穿过闭合曲面的磁通量时，一定要记住对曲面的穿透是双向的，穿出的通量和穿入的通量符号相反。因此穿出的（正）通量与穿入的（负）通量相互抵消了，使得净通量为零。

考虑位于图 2.1 中的任何电场中的小闭合曲面，就能理解穿出和穿入通量的符号是相反的。无论选择怎样的曲面形状，也无论将曲面放在磁场中什么地方，你都会发现进入曲面内部的场线数量正好等于离开曲面内部的场线数量。如果这对于所有磁场都成立，这就意味着穿过任意闭合曲面的净磁通量必定总是等于零。

　　当然，这肯定成立，因为进入曲面内部的场线如果不离开就只能终止于曲面内部，而从曲面内部离开却没有进入的场线则必定源自曲面内部。但与电场不同的是，磁力线既不源自也不终止于电荷——它们绕回自身，形成连续的环。如果环的一部分穿过闭合曲面，则必定有环的另一部分以相反的方向穿回曲面。从而穿出与穿入任何闭合曲面的磁通量必定相等而符号相反。

　　仔细看看图 2.3 中由条形磁铁产生的磁场。不管闭合曲面的形状和在磁场中的位置如何，所有进入闭合曲面的场线都会被等量的离开闭合曲面的场线抵消。

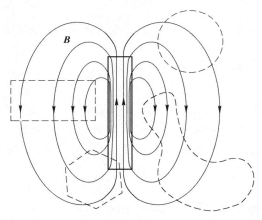

图 2.3　穿过闭合曲面的磁通线

　　高斯定律背后的物理意义现在清楚了：因为磁力线总是形成完整的环，所以穿过任意闭合曲面的净磁通量必定为零。下一节将介绍如何用这个原理解决与闭合曲面和磁场有关的问题。

$$\boxed{\oint_S \boldsymbol{B} \cdot \boldsymbol{n} \mathrm{d}a = 0}\ \ \text{应用高斯磁场定律}(\text{积分形式})$$

当涉及复杂曲面和场时，求磁场在特定曲面上法向量的积分会很困难。这时，如果知道穿过闭合曲面的总磁通量为零也许能将问题简化，如下面的例子所示。

例 2.1 给定磁场和几何曲面的表达式，求穿过曲面某一部分的磁通量。

问题 高为 h、半径为 r 的闭合圆柱形曲面置于磁场中，$\boldsymbol{B} = B_0(\boldsymbol{j} - \boldsymbol{k})$。如果圆柱的对称轴在 z 轴上，（a）求穿过圆柱顶面和底面的磁通量；（b）求穿过圆柱侧面的磁通量。

解 根据高斯定理，穿过整个曲面的磁通量必定为零，因此如果能得到穿过曲面一部分的磁通量，就能得到穿过其他部分的磁通量。这里，穿过圆柱顶面和底面的磁通量相对容易计算；根据总磁通量等于零就能得到圆柱侧面的磁通量。即

$$\Phi_{B,\text{顶面}} + \Phi_{B,\text{底面}} + \Phi_{B,\text{侧面}} = 0 \text{。}$$

穿过任意曲面的磁通量为

$$\Phi_B = \int_s \boldsymbol{B} \cdot \boldsymbol{n} \mathrm{d}a \text{。}$$

对于顶面，$\boldsymbol{n} = \boldsymbol{k}$，因此

$$\boldsymbol{B} \cdot \boldsymbol{n} = (B_0 \boldsymbol{j} - B_0 \boldsymbol{k}) \cdot \hat{\boldsymbol{k}} = -B_0 \text{。}$$

从而

$$\Phi_{B,\text{顶面}} = \int_s \boldsymbol{B} \cdot \boldsymbol{n} \mathrm{d}a = -B_0 \int_s \mathrm{d}a = -B_0(\pi R^2) \text{。}$$

对底面（$\boldsymbol{n} = -\boldsymbol{k}$）进行类似分析得到

$$\Phi_{B,\text{底面}} = \int_s \boldsymbol{B} \cdot \boldsymbol{n} \mathrm{d}a = +B_0 \int_s \mathrm{d}a = +B_0(\pi R^2) \text{。}$$

由于 $\Phi_{B,\text{顶面}} = -\Phi_{B,\text{底面}}$，可知 $\Phi_{B,\text{侧面}} = 0$。

例 2.2   给定长导线的电流，求穿过附近曲面的磁通量。

问题   长导线电流为 I，求穿过导线附近的半圆柱曲面的磁通量。

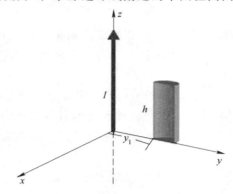

解   距离通电导线 r 处的磁场为

$$\boldsymbol{B} = \frac{\mu_0 I}{2\pi r}\,\boldsymbol{\varphi},$$

这意味着磁力线是围绕导线的圆，从圆柱平面穿入，从圆柱曲面穿出。根据高斯定律，穿过半圆柱整个曲面的总磁通量必须为零，因此穿入平面的（负）磁通量必定等于穿出曲面的（正）磁通量。穿过平面的磁通量为

$$\Phi_B = \int_S \boldsymbol{B} \cdot \boldsymbol{n}\mathrm{d}a。$$

在这里，$\boldsymbol{n} = -\boldsymbol{\varphi}$，因此

$$\boldsymbol{B} \cdot \boldsymbol{n} = \left(\frac{\mu_0 I}{2\pi r}\boldsymbol{\varphi}\right) \cdot (-\boldsymbol{\varphi}) = -\frac{\mu_0 I}{2\pi r}。$$

对半圆柱的平面进行积分，注意到平面位于 yz 平面，因此面积元为 $\mathrm{d}a = \mathrm{d}y\mathrm{d}z$。另外在平面上距离微元 $\mathrm{d}r = \mathrm{d}y$，因此 $\mathrm{d}a = \mathrm{d}r\mathrm{d}z$，从而磁通量的积分为

$$\Phi_{B,\text{平面}} = \int_S \boldsymbol{B} \cdot \boldsymbol{n}\mathrm{d}a = -\int_S \frac{\mu_0 I}{2\pi r}\mathrm{d}r\mathrm{d}z = \frac{\mu_0 I}{2\pi}\int_{z=0}^{h}\int_{r=y_1}^{y_1+2R} \frac{\mathrm{d}r}{r}\mathrm{d}z。$$

从而

$$\Phi_{B,\text{平面}} = -\frac{\mu_0 I}{2\pi}\ln\left(\frac{y_1 + 2R}{y_1}\right)(h) = -\frac{\mu_0 Ih}{2\pi}\ln\left(1 + \frac{2R}{y_1}\right)。$$

　　由于穿过闭合曲面的总磁通量为零，因此可以得到穿过半圆柱曲面的磁通量为

$$\Phi_{B,\text{曲面}} = \frac{\mu_0 Ih}{2\pi}\ln\left(1 + \frac{2R}{y_1}\right)。$$

2.2　高斯磁场定律的微分形式

磁力线的连续性使得高斯磁场定律的微分形式很简单。其微分形式如下

$$\nabla \cdot \boldsymbol{B} = 0 \quad \text{高斯磁场定律（微分形式）}$$

方程的左边是磁场散度的数学表示（磁场在一点处"流"出强于"流"入的趋势）而右边则是零。

磁场的散度在下一节详细讨论。现在先理解高斯定律微分形式的主要思想：

> 磁场的散度处处为零。

理解这一点的一个途径是与电场类比，电场在任意一点的散度都正比于该点的电荷密度。由于不存在单独的磁极，也就不可能只有北极没有南极，因此"磁荷密度"必定处处为零。这也意味着磁场散度必定处处为零。

为了帮助理解高斯磁场定律的微分形式中每个符号的意义，下面给出了展开图：

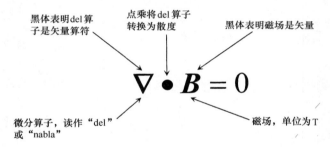

$\boxed{\nabla \cdot B}$ 磁场的散度

这个表达式是高斯磁场定律微分形式的整个左边，它表示的是磁场的散度。由于散度定义的是场在一点的"流"出强于"流"入的趋势，而在磁场中又从未发现过源或汇，在每一点处"进来"的场的量正好等于"出去"的场的量。因此毫无疑问 B 的散度总是为零。

为了证实这一点对于通电长导线的磁场也成立，现用表 2.1 给出的导线磁场公式求散度：

$$\mathrm{div}(\boldsymbol{B}) = \boldsymbol{\nabla} \cdot \boldsymbol{B} = \boldsymbol{\nabla} \cdot \left(\frac{\mu_0 I}{2\pi r} \boldsymbol{\varphi} \right)。 \tag{2.6}$$

用圆柱坐标系来计算最方便：

$$\boldsymbol{\nabla} \cdot \boldsymbol{B} = \frac{1}{r} \frac{\partial}{\partial r}(rB_r) + \frac{1}{r} \frac{\partial B_\varphi}{\partial \varphi} + \frac{\partial B_z}{\partial z}。 \tag{2.7}$$

其中，由于 $\boldsymbol{B}$ 只有 φ 分量，因此

$$\boldsymbol{\nabla} \cdot \boldsymbol{B} = \frac{1}{r} \frac{\partial(\mu_0 I/2\pi r)}{\partial \varphi} = 0。 \tag{2.8}$$

结果可以这样理解：由于磁场围着导线绕圈，因此没有径向或 z 向分量。又由于 φ 分量不依赖于 φ（即磁场幅值沿任何以导线为圆心的圆环为常数），因此从任意一点离开的通量必定等于进入那一点的通量。这意味着磁场散度处处为零。

散度为零的矢量场称为"螺线管"场，所有磁场都是螺线管场。

$\boxed{\nabla \cdot \boldsymbol{B} = 0}$ 应用高斯磁场定律(微分形式)

利用磁场散度必定为零可以解决磁场分量随空间变化的问题,并确定特定的矢量场是否为磁场。这一节给出了这类问题的一些例子。

例 2.3 给定磁场分量的不完整信息,利用高斯定律建立分量之间的关系。

问题 磁场为

$$\boldsymbol{B} = axz\boldsymbol{i} + byz\boldsymbol{j} + c\boldsymbol{k},$$

则 a 与 b 有什么关系?

解 根据高斯定理可知磁场散度必定为零。因此

$$\nabla \cdot \boldsymbol{B} = \frac{\partial B_x}{\partial x} + \frac{\partial B_y}{\partial y} + \frac{\partial B_z}{\partial z} = 0 。$$

因此得到

$$\frac{\partial(axz)}{\partial x} + \frac{\partial(byz)}{\partial y} + \frac{\partial c}{\partial z} = 0,$$

$$az + bz + 0 = 0,$$

可得 $a = -b$。

例 2.4 给定矢量场的表达式,确定这个场是否为磁场。

问题 矢量场如下式

$$A(x, y) = a\cos(bx)\boldsymbol{i} + aby\sin(bx)\boldsymbol{j},$$

这个场可以表示磁场吗?

解 根据高斯定律,所有磁场的散度都为零,检查这个矢量场的散度

$$\nabla \cdot \boldsymbol{A} = \frac{\partial}{\partial x}\left[a\cos(bx)\right] + \frac{\partial}{\partial y}\left[aby\sin(bx)\right]$$

$$= -ab\sin(bx) + ab\sin(bx) = 0,$$

表明 A 可以表示磁场。

习题

下面的题目将检验你对高斯磁场定律的理解。本书的网站上有完整解答。

2.1　如下图所示漏斗形圆柱，求磁场 $\boldsymbol{B} = 5\boldsymbol{i} - 3\boldsymbol{j} + 4\boldsymbol{k}$nT 穿过其顶面、底面和侧面的磁通量。

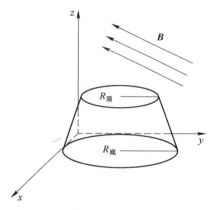

2.2　$10\text{cm} \times 10\text{cm}$ 的正方形距长导线 20cm，假设导线与正方形共面，并且平行于最近的边，导线电流从 5mA 增加到 15mA，求正方形中磁通量的变化。

2.3　磁场为 $\boldsymbol{B} = 0.002\boldsymbol{i} + 0.003\boldsymbol{j}$T，求穿过图中楔形体的所有 5 个面的磁通量，并证明穿过楔形体的总磁通量为零。

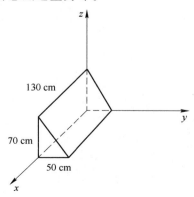

2.4 求地球磁场穿过边长为 1m 的立方体的各面的磁通量，并确认穿过立方体的总磁通量为零。假设立方体所处地球磁场的强度为 $4 \times 10^{-5} T$，方向相对水平面呈 30°角。你可以随意选择立方体的方向。

2.5 半径为 r_0、高度为 h 的圆柱体位于理想螺线管的内部，圆柱的轴与螺线管的轴重合。求穿过圆柱顶面、底面和侧曲面的磁通量，并证明穿过圆柱的总磁通量为零。

2.6 确定下面在圆柱坐标系中给出的矢量场是否可以是磁场：

（a） $$A(r, \varphi, z) = \frac{a}{r} \cos^2(\varphi) \boldsymbol{r},$$

（b） $$A(r, \varphi, z) = \frac{a}{r^2} \cos^2(\varphi) \boldsymbol{r}。$$

第3章 法拉第定律

1831 年，法拉第（Michael Faraday）设计了一系列划时代的试验，证明了回路围绕的磁通量变化会产生电流。这个发现被扩展成更一般化的形式后（变化的磁场产生电场）产生了更大的影响。这种"感生的"电场与净电荷产生的电场很不一样，法拉第定律则是理解其特性的关键。

3.1 法拉第定律的积分形式

在许多课本中，法拉第定律的积分形式通常是这样的：

$$\oint_c \boldsymbol{E} \cdot \mathrm{d}\boldsymbol{l} = -\frac{\mathrm{d}}{\mathrm{d}t} \int_s \boldsymbol{B} \cdot \boldsymbol{n} \mathrm{d}a \quad \text{法拉第定律（积分形式）。}$$

一些学者认为这种形式有误导性，因为其混淆了两个不同的现象：即磁感应（与变化的磁场有关）和动生电动势（emf）（与带电粒子在磁场中的运动有关）。在两种情形中，都产生 emf，但只有磁感应才在实验室的静止坐标系中产生出环绕电场。这意味着法拉第定律的常用形式只有在 $\boldsymbol{E}$ 表示的是积分路径上每段 $\mathrm{d}\boldsymbol{l}$ 的静止坐标系中的电场时才是严格正确的。

法拉第定律的另一个版本对这两个效应进行了区分，并在电场环绕和变化磁场之间建立了清晰的联系：

$$\text{emf} = -\frac{\mathrm{d}}{\mathrm{d}t}\int_s \boldsymbol{B} \cdot \boldsymbol{n}\mathrm{d}a\,(\text{通量法则}),$$

$$\oint_c \boldsymbol{E} \cdot \mathrm{d}\boldsymbol{l} = -\int_s \frac{\partial \boldsymbol{B}}{\partial t} \cdot \boldsymbol{n}\mathrm{d}a \quad \text{法拉第定律（替代形式）}。$$

请注意在这个版本的法拉第定律中，对时间的导数只针对磁场而不是磁通量，并且 $\boldsymbol{E}$ 和 $\boldsymbol{B}$ 都是在实验室的参照坐标系中测量的。

如果你不知道电动势到底是什么以及它与电场有什么关系，不用担心，这一章会解释。另外还有利用通量法则和法拉第定律解决与感生有关的问题的例子——不过首先你要理解法拉第定律的主要思想：

> 穿过一个曲面的磁通量的变化会在该曲面的任意边界路径上感生出电动势，并且变化的磁场会感生出环绕的电场。

也就是说，如果穿过一个曲面的磁通量发生了变化，就会沿该曲面的边界感生出电场。如果在边界上存在导体，则感生电场提供的电动势会驱动通过导体的电流。因此将一条磁铁在导线回路中快速穿过会在导线中产生电场，但如果磁铁相对回路保持不动就不会感生出电场。

法拉第定律中的负号又有什么意义呢？简单来说就是感生电动势与磁通量的变化相反，即其趋向于保持磁通量不变。这被称为楞次定律，在这一章后面会讨论。

下面是法拉第定律标准形式的展开图：

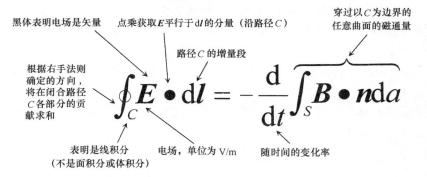

请注意公式中路径 *C* 的每段 d*l* 处的感生电场 *E* 都是在各段静止的参照坐标系中进行测量的。

下面是法拉第定律替代形式的展开图：

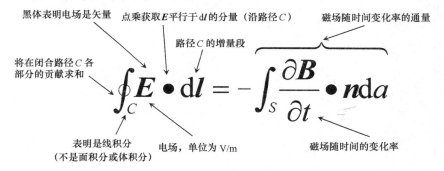

式中，*E* 表示的是实验室参照坐标系中的电场（与 *B* 的坐标系一样）。

法拉第定律和通量法则能用来解决各种涉及变化的磁通量和感生电场的问题，尤其是以下两类问题：

（1）给定磁通量变化的信息，求感生电动势。

（2）给定具体路径下的感生电动势，确定磁场强度或方向或被路径包围的面积的变化率。

在高度对称的情形下，除了可以求感生电动势之外，如果知道磁场的变化率，还能求感生电场。

$\boxed{E}$ 感生电场

法拉第定律中的电场对电荷的作用类似于静电场，但结构上很不一样。两种电场都能让电荷加速，都有单位 N/C 或 V/m，而且也都可以用场线表示。但是电荷产生的电场场线源自正电荷，终止于负电荷（因此在这些点的散度不为零），而变化的磁场产生的感生电场场线则形成环路，没有起点和终点（因此散度为零）。

重要的是要认识到，出现在法拉第定律常规形式中的（该形式右边为整个磁通量的导数）电场是在计算环路路径的每一段 dl 时的参照坐标系中测量的电场。强调这个区别的原因是只有在这个坐标系中，电场线才是确实绕回其本身。

电荷产生的电场和感生电场的例子如图 3.1 所示。

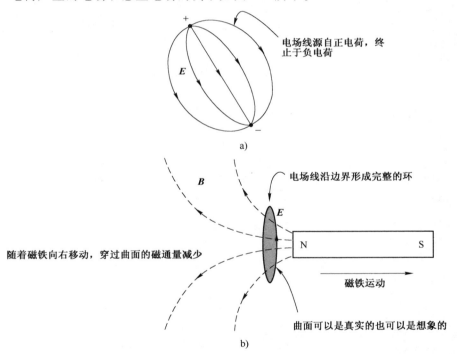

图 3.1 电荷产生的电场和感生电场

注：值得注意的是，这些场都是 3 维的，在本书的网站上有其 3-D 视图。

图 3.1b 中感生电场驱动的电流产生的磁通量与磁场变化导致的磁通量变化相反。在这个例子中，磁铁向右移动意味着向左的磁通量在减少，因此感生电流会产生向左的磁通量。

下面这些经验法则会有助于你描绘出由变化磁场产生的电场：

- 变化磁场产生的感生电场的场线必须形成完整的环。
- 任意一点的净电场为该点处存在的所有电场的矢量和。
- 电场线从不相交，因为这意味着在一个位置上有两个不同的电场方向。

总的来说，法拉第定律中的电场表示路径 C 上各点的感生电场，而 C 则是磁通量随时间变化的曲面边界。无论路径是沿着空间还是沿着物理材料，感生电场都存在。

$\oint_C (\ )\mathrm{d}l$　线积分

要理解法拉第定律，关键是理解线积分的意义。这种积分在物理和工程中很常见，你以前可能遇到过，也许是在面对这样的问题时：求密度沿长度变化的线的总质量。这个问题可以很好地解释线积分。

如图 3.2a 所示变密度的线。要求线的总质量，想象将线分为许多小段，各段的线密度 λ（单位长度的质量）大致不变，如图 3.2b 所示。各段的质量是各段的线密度与段长 $\mathrm{d}x_i$ 的乘积，总质量为各段质量之和。

如果分为 N 段，则

$$\text{质量} = \sum_{i=1}^{N} \lambda_i \mathrm{d}x_i, \tag{3.1}$$

当段长趋于 0 时，段质量之和就变成了线积分：

$$\text{质量} = \int_{0}^{L} \lambda(x)\,\mathrm{d}x。 \tag{3.2}$$

上式即为标量函数 $\lambda(x)$ 的线积分。要全面理解法拉第定律的左边，还要理解如何将这个概念扩展到矢量场的路径积分，下一节将对此进行阐释。

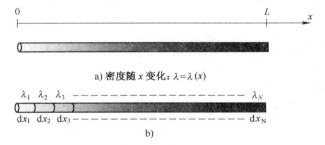

a) 密度随 x 变化：$\lambda = \lambda(x)$

b)

图 3.2　标量函数的线积分

$\oint_C \boldsymbol{A} \cdot \mathrm{d}\boldsymbol{l}$ 矢量场的环流

矢量场沿闭合路径的线积分称为场的环流。理解这个运算的一个好办法是考虑沿一条路径移动物体所做的功。

你可能记得，当物体受力移动时会做功。如果力（$\boldsymbol{F}$）的大小不变，并且与位移（$\mathrm{d}\boldsymbol{l}$）的方向一致，则力做的功（W）就是力的大小与位移的乘积：

$$W = \big| \boldsymbol{F} \big| \big| \mathrm{d}\boldsymbol{l} \big| 。 \tag{3.3}$$

这种情形如图 3.3a 所示。在许多情形中，位移与力的方向不一致，这时就必须求出力沿位移方向的分量，如图 3.3b 所示。

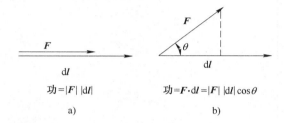

功=|$\boldsymbol{F}$| |d$\boldsymbol{l}$|　　　　　功=$\boldsymbol{F}$·d$\boldsymbol{l}$=|$\boldsymbol{F}$| |d$\boldsymbol{l}$|cosθ

a)　　　　　　　　　b)

图 3.3　物体受力移动

这时，力做的功等于力沿位移方向的分量乘以位移量。这用第 1 章介绍的点乘最容易表示：

$$W = \boldsymbol{F} \cdot \mathrm{d}\boldsymbol{l} = \big| \boldsymbol{F} \big| \big| \mathrm{d}\boldsymbol{l} \big| \cos\theta , \tag{3.4}$$

式中，θ 是力与位移之间的夹角。

在最一般的情形中，力 $\boldsymbol{F}$ 以及力与位移之间的夹角可能都是变化的，这意味着力在各段上的投影可能不一样（也有可能力的大小沿路径变化）。这个一般情形如图 3.4 所示。注意随着路径从起点向终点蜿蜒，力沿位移方向的分量有明显变化。

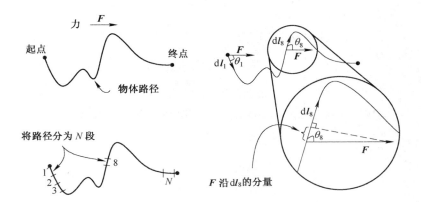

图 3.4　力沿物体路径的分量

在这种情形下要求所做的功，可以将路径视为许多小段组成的，每一段上力的分量保持不变。在各段做的增量功（dW_i）就是各段上力沿路径的分量乘以段长（dl_i）——这正好就是点乘。因此，

$$dW_i = \boldsymbol{F} \cdot d\boldsymbol{l}_i, \tag{3.5}$$

而沿整条路径做的功就是在各段做的功的和，即

$$W = \sum_{i=1}^{N} dW_i = \sum_{i=1}^{N} \boldsymbol{F} \cdot d\boldsymbol{l}_i。 \tag{3.6}$$

你可能已经知道了，让段长趋于 0，求和就变成了沿路径的积分：

$$W = \int_P \boldsymbol{F} \cdot d\boldsymbol{l}。 \tag{3.7}$$

因此，在这种情形下做的功等于矢量 $\boldsymbol{F}$ 沿路径 P 的线积分。这个积分类似于求变密度线的质量的线积分，但是这里被积函数不再是标量函数 λ，而是两个矢量的点积。

虽然在这个例子中力是不变的，但是在力的大小和方向随路径变化的矢量场中，这个分析同样成立。式(3.7)右边的积分可以针对任何矢量场 A 和任何路径 C。如果路径是闭合的，则积分就是矢量场沿路径的环流：

$$\text{环流} \equiv \oint_C A \cdot \mathrm{d}l。 \tag{3.8}$$

下一节将看到，电场的环流是法拉第定律的重要组成部分。

$$\boxed{\oint_C \boldsymbol{E} \cdot \mathrm{d}\boldsymbol{l}}$$ 电场环流

感生电场的场线形成闭合的环，因此这种电场可以沿回路驱动带电粒子。电荷沿回路的运动恰好就是电流的定义，因此感生电场可以作为电流的发电机。这就是为什么电场沿回路的环流被称为"电动势"：

$$\text{电动势(emf)} = \oint_C \boldsymbol{E} \cdot \mathrm{d}\boldsymbol{l}。 \tag{3.9}$$

当然，电场沿路径的积分不是力（力的单位是牛顿），而是单位电荷在力的作用下沿距离的累加（单位为牛顿/（库仑×米），同伏特一样）。不过这个现在已经成了标准术语，"电动势源"经常既用于感生电场也用于电池等电能源。

那感生电场沿路径的环流到底是什么呢？它就是电场对沿这条路径移动的单位电荷所做的功，用 $\boldsymbol{F}/q$ 替换环路积分中的 $\boldsymbol{E}$ 就能看出这一点：

$$\oint_C \boldsymbol{E} \cdot \mathrm{d}\boldsymbol{l} = \oint_C \frac{\boldsymbol{F}}{q} \cdot \mathrm{d}\boldsymbol{l} = \frac{\oint_C \boldsymbol{F} \cdot \mathrm{d}\boldsymbol{l}}{q} = \frac{W}{q}, \tag{3.10}$$

因此，感生电场的环流是分配给沿回路运动的每库仑电荷的能量。

$$\boxed{\frac{\mathrm{d}}{\mathrm{d}t}\int_S \boldsymbol{B} \cdot \boldsymbol{n}\,\mathrm{d}a}\quad\text{磁通量的变化率}$$

法拉第定律常规形式的右边看上去可能有点眼熟，仔细观察就会发现其主要部分就是磁通量（$\varPhi_B$）：

$$\varPhi_B = \int_S \boldsymbol{B} \cdot \boldsymbol{n}\,\mathrm{d}a。$$

如果你认为根据高斯磁场定律结果应该等于零，那么请看仔细点。这个积分中的表达式是针对曲面 S 的，而高斯定律的积分是专门针对闭合曲面的。穿过一个开放曲面的磁通量（正比于磁力线）是有可能不为零的——只有当曲面是闭合的，穿入曲面的磁力线数量才会一定等于穿出曲面的磁力线数量。

因此法拉第定律常规形式的右边与穿过曲面 S 的磁通量有关——确切地说，就是磁通量随时间的变化率。如果你对穿过曲面的磁通量会怎样变化感兴趣，只需观察方程然后问自己公式中的什么会随时间变化。有三种可能，如图 3.5 所示：

- $\boldsymbol{B}$ 的幅值可能变化：磁场强度可能变大或变小，导致穿过曲面的场线数量变化。

- $\boldsymbol{B}$ 与曲面法向量的夹角可能变化：改变 $\boldsymbol{B}$ 或是曲面法向量的方向会导致 $\boldsymbol{B} \cdot \boldsymbol{n}$ 变化。

- 曲面的面积可能变化：即使 $\boldsymbol{B}$ 的幅值以及 $\boldsymbol{B}$ 和曲面法向量的方向都不变，改变曲面的面积也会改变穿过曲面的磁通量。

其中每一种变化，或是它们的组合，都会导致法拉第定律右边的结果不能为零。而由于法拉第定律的左边是感生电动势，因此就可以理解感生电动势与变化的磁通量的关系。

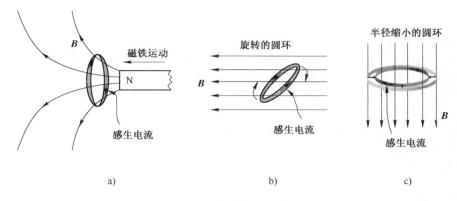

图 3.5　磁通量与感生电流

为了将法拉第定律的数学陈述与物理效应联想到一起，考虑图 3.5 所示磁场和导电线圈。根据法拉第的发现，有磁通量穿过回路并不会在回路中产生电流。因此，在静止的导电线圈附近放置一条静止的磁铁并不会感生出电流（在这种情形中，磁通量不随时间变化，因此对时间的导数为零，感生电动势也必定为零）。

当然，法拉第定律告诉我们改变穿过曲面的磁通量就会在曲面边界上的任何回路中感生出电动势。因此，如图 3.5a 所示，让磁铁向环移动或是远离环，就会导致穿过环围绕的曲面的磁通量变化，从而产生沿着回路的感生电动势[⊖]。

在图 3.5b 中，磁通量的变化不是由磁铁运动产生的，而是由于环的旋转产生的。这会改变磁场与曲面法向量的夹角，从而改变 $\boldsymbol{B} \cdot \boldsymbol{n}$，在图 3.5c 中，环包围的面积随时间变化，从而改变曲面的磁通量。在这些情形中，请注意感生电动势的大小并不取决于穿过圆环的磁通量的总量——它取决于磁通量的变化有多快。

在了解怎样用法拉第定律解题之前，还应当考虑感生电场的方向，这可以根据楞次定律判断。

⊖　为了简单起见，你可以想象张开在环上的平面，不过法拉第定律对被环围绕的所有曲面都成立。

一 楞次定律

法拉第定律右边的减号包含了许多物理内容，因此它有个名副其实的名字：楞次定律。这个名字源于德国物理学家楞次（Heinrich Lenz），正是他提出了关于变化磁场感生的电流方向的重要见解。

楞次的见解是：变化磁场感生的电流方向总是对抗磁通量的变化。如果穿过回路的磁通量增加，则感生电流会产生相反方向的磁通量以补偿磁通量的增加。这种情形如图 3.6a 所示，图中磁铁向圆环移动，使得来自磁铁的往左边的磁通量增加，产生方向如图所示的感生电流，电流产生向右的磁通量，以对抗来自磁铁的磁通量的增加。

另一种情形如图 3.6b 所示，磁铁远离圆环，穿过回路的左向磁通量减少。在这种情形下，感生电流以相反的方向流动，产生左向磁通量以补偿来自磁铁的磁通量的减少。

重要的是要认识到，无论是否存在能让电流流通的导体回路，变化的磁通量都会感生出电场。因此，即使没有传导电流真地沿路径流动，楞次定律还是会告诉你沿特定路径的感生电场的环绕方向。

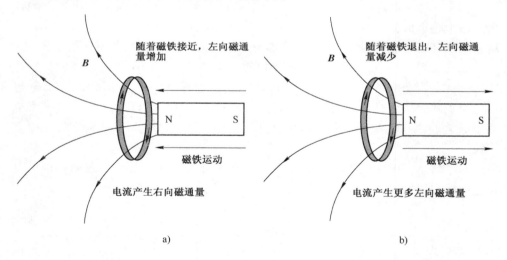

a)   b)

图 3.6　感生电流的方向

$$\oint_C \boldsymbol{E} \cdot \mathrm{d}\boldsymbol{l} = -\frac{\mathrm{d}}{\mathrm{d}t}\int_S \boldsymbol{B} \cdot \boldsymbol{n}\,\mathrm{d}a \quad$$ **应用法拉第定律**（积分形式）

下面的例子展示了怎样用法拉第定律解决涉及变化的磁通量和感生电动势的问题。

例 3.1　给定磁场随时间变化的表达式，确定在特定大小的环中感生的电动势。

问题　给定磁场如下

$$\boldsymbol{B}(y,\ t) = B_0\left(\frac{t}{t_0}\right)\frac{y}{y_0}\boldsymbol{z}。$$

求 xy 平面上一个角在原点的边长为 L 的矩形环中感生的电动势。同时确定环中的电流方向。

解　根据法拉第通量法则，

$$\text{电动势} = -\frac{\mathrm{d}}{\mathrm{d}t}\int_S \boldsymbol{B} \cdot \boldsymbol{n}\,\mathrm{d}a。$$

对 xy 平面上的环，$\boldsymbol{n} = \boldsymbol{z}$，$\mathrm{d}a = \mathrm{d}x\mathrm{d}y$，因此

$$\text{电动势} = -\frac{\mathrm{d}}{\mathrm{d}t}\int_{y=0}^{L}\int_{x=0}^{L} B_0\left(\frac{t}{t_0}\right)\frac{y}{y_0}\boldsymbol{z} \cdot \boldsymbol{z}\,\mathrm{d}x\mathrm{d}y,$$

$$\text{电动势} = -\frac{\mathrm{d}}{\mathrm{d}t}\left[L\int_{y=0}^{L} B_0\left(\frac{t}{t_0}\right)\frac{y}{y_0}\mathrm{d}y\right] = -\frac{\mathrm{d}}{\mathrm{d}t}\left[B_0\left(\frac{t}{t_0}\right)\frac{L^3}{2y_0}\right]。$$

对时间取导数，得

$$\text{电动势} = -B_0\frac{L^3}{2t_0y_0}。$$

由于向上的磁通量随时间增加，电流将产生向下（$-z$）的磁通量。这意味着电流将以从上往下看的顺时针方向流动。

例 3.2 给定在不变磁场中导体圆环方向变化的表达式，求圆环中的感生电动势。

问题 如图所示半径为 r_0 的圆环在不变磁场中以角速度 ω 旋转。

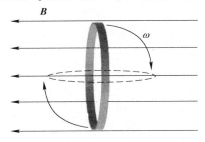

（a）求圆环中感生电动势的表达式。

（b）如果磁场的幅值是 25μT，圆环半径为 1cm，电阻为 25Ω，旋转角速度 ω 为 3rad/s，求圆环中的最大电流。

解 （a）根据法拉第通量法则，电动势为

$$\text{emf} = \frac{\mathrm{d}}{\mathrm{d}t} \int_S \boldsymbol{B} \cdot \boldsymbol{n}\,\mathrm{d}a \text{。}$$

由于磁场和环的面积不变，因此

$$\text{emf} = -\int_S \frac{\mathrm{d}}{\mathrm{d}t}(\boldsymbol{B} \cdot \boldsymbol{n})\,\mathrm{d}a = -\int_S |\boldsymbol{B}| \frac{\mathrm{d}}{\mathrm{d}t}(\cos\theta)\,\mathrm{d}a \text{。}$$

利用 $\theta = \omega t$，得到

$$\text{emf} = -\int_S |\boldsymbol{B}| \frac{\mathrm{d}}{\mathrm{d}t}(\cos\omega t)\,\mathrm{d}a = -|\boldsymbol{B}| \frac{\mathrm{d}}{\mathrm{d}t}(\cos\omega t)\int_S \mathrm{d}a \text{。}$$

对时间求导数并积分，得

$$\text{emf} = |\boldsymbol{B}| \omega(\sin\omega t)(\pi r_0^2) \text{。}$$

（b）根据欧姆定理，电流等于电动势除以回路电阻，即

$$I = \frac{\text{emf}}{R} = \frac{|\boldsymbol{B}| \omega(\sin\omega t)(\pi r_0^2)}{R} \text{。}$$

当 $\sin(\omega t) = 1$ 时，电流最大，因此最大电流为

$$I = \frac{(25 \times 10^{-6})(3)[\pi(0.01^2)]}{25} = 9.4 \times 10^{-10} \text{A} \text{。}$$

例 3.3 给定不变磁场中导体环尺寸变化的表达式，求环的感生电动势。

问题 垂直于不变磁场的圆环尺寸随时间变小。如果圆环半径为 $r(t) = r_0(1-t/t_0)$，求环中的感生电动势。

解 由于圆环垂直于磁场，环的法向量平行于 $\boldsymbol{B}$，根据法拉第通量法则有

$$\text{emf} = -\frac{\mathrm{d}}{\mathrm{d}t}\int_s \boldsymbol{B} \cdot \boldsymbol{n}\,\mathrm{d}a = -|\boldsymbol{B}|\frac{\mathrm{d}}{\mathrm{d}t}\int_s \mathrm{d}a = -|\boldsymbol{B}|\frac{\mathrm{d}}{\mathrm{d}t}(\pi r^2)\,.$$

代入 $r(t)$ 并对时间求导数，得

$$\text{emf} = -|\boldsymbol{B}|\frac{\mathrm{d}}{\mathrm{d}t}\left[\pi r_0^2\left(1-\frac{t}{t_0}\right)^2\right] = -|\boldsymbol{B}|\left[\pi r_0^2(2)\left(1-\frac{t}{t_0}\right)\left(-\frac{1}{t_0}\right)\right],$$

或

$$\text{emf} = \frac{2|\boldsymbol{B}|\pi r_0^2}{t_0}\left(1-\frac{t}{t_0}\right)\,.$$

3.2 法拉第定律微分形式

法拉第定律的微分形式通常写为

$$\nabla \times \boldsymbol{E} = -\frac{\partial \boldsymbol{B}}{\partial t} \quad \text{法拉第定律}。$$

方程的左边是电场旋度的数学描述——场线围绕一点旋转的趋势。右边表示磁场随时间的变化率。

电场旋度在下一节会详细讨论。现在请先理解法拉第定律微分形式的主要思想：

> 随时间变化的磁场会产生环绕的电场。

为了有助于理解法拉第定律微分形式中各符号的意义，下面给出展开图：

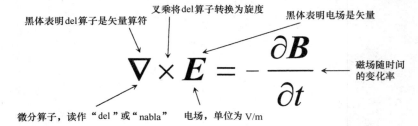

▽× Del 叉乘——旋度

矢量场的旋度是对场绕一点旋转的趋势的度量（类似于散度是对场从一点流开的趋势的度量）。这个术语也是麦克斯韦提出的；他考虑了几个候选词汇，包括"转度"和"扭度"（他认为有些过于随意），最后选定了"旋度"。

散度是通过考虑穿过包围关注的点的无穷小曲面的通量得出的，而特定点的旋度则是通过考虑围绕这一点的无穷小路径的每单位面积的环流得出的。矢量场 A 的旋度的数学定义是

$$n \cdot \text{curl}(A) = (\nabla \times A) \cdot n = \lim_{\Delta S \to 0} \frac{1}{\Delta S} \oint_C A \cdot dl, \qquad (3.11)$$

式中，C 是围绕关注点的路径；ΔS 是路径包围的曲面面积。在这个定义中，旋度的方向为环流最大的曲面的法向量方向。

这个表达式对于定义旋度有用，但对实际计算特定场的旋度用处不大。在这一节后面你会看到旋度的其他公式，但让我们先考虑一下图 3.7 所示的矢量场。

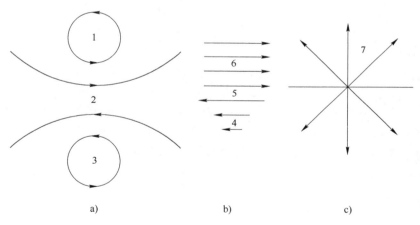

图 3.7　有各种旋度值的矢量场

想象场线表示的是液体的流线，就会容易找出各个场中旋度大的位置。然后寻找在点的两边流矢量（幅值、方向或两者都满足）明显不同的点。

为了辅助这个思维实验，想象在流体中的每一点放置一个小螺旋桨，如果流动会导致螺旋桨旋转，则桨轮的中心就是旋度不为零的点。旋度的方向沿着螺旋桨的轴（旋度是矢量，必须具有幅值和方向）。根据惯例，正旋度方向是用右手法则确定：如果你沿环绕方向弯曲右手手指，大拇指指向的就是正旋度方向。

利用螺旋桨测试，你可以发现图 3.7a 中的点 1、2 和 3 以及图 3.7b 中的点 4 和 5 是高旋度的点。图 3.7b 中点 6 周围的均匀流和图 3.7c 中点 7 周围的发散流线不会使小螺旋桨旋转，表明这些点的旋度很低或为零。

你可以用旋度或"del 叉乘"（$\nabla \times$）算子对笛卡儿坐标的微分形式来进行量化：

$$\nabla \times A = \left(i \frac{\partial}{\partial x} + j \frac{\partial}{\partial y} + k \frac{\partial}{\partial z} \right) \times (iA_x + jA_y + kA_z)。 \tag{3.12}$$

矢量叉乘可写为行列式：

$$\nabla \times A = \begin{vmatrix} i & j & k \\ \dfrac{\partial}{\partial x} & \dfrac{\partial}{\partial y} & \dfrac{\partial}{\partial z} \\ A_x & A_y & A_z \end{vmatrix}, \tag{3.13}$$

或展开为

$$\nabla \times A = \left(\frac{\partial A_z}{\partial y} - \frac{\partial A_y}{\partial z} \right) i + \left(\frac{\partial A_x}{\partial z} - \frac{\partial A_z}{\partial x} \right) j + \left(\frac{\partial A_y}{\partial x} - \frac{\partial A_x}{\partial y} \right) k。 \tag{3.14}$$

请注意 A 的旋度的各个分量表示的是场在一个坐标平面上旋转的趋势。如果场在某个点的旋度的 x 分量大，则表明在 $y-z$ 平面上场环绕这一点有显著的旋转。旋度的总体方向代表围绕这个方向旋转最显著，旋转的方向则根据右手法则判断。

如果你对这个方程中的项是如何度量旋转感兴趣，可以考虑图 3.8 所示矢量场。首先，看图 3.8a 中的场和方程中的 x 分量：这一项与 A_z 随 y 的变化和 A_y 随 z 的变化有关。沿 y 轴从关注的点的左边到右边，A_z 明显增加（在点的左边为负，右边为正），因此 $\partial A_z / \partial y$ 项为正。再来看 A_y，可以发现在点的下面为正，上面为负，因此沿 z 轴减小。因此 $\partial A_y / \partial z$ 为负，从而 $\partial A_z / \partial y$ 的减少会使旋度的值增加。因此所关注的点的旋度值很大，与从 A 环绕这一点的旋转得出的结论一致。

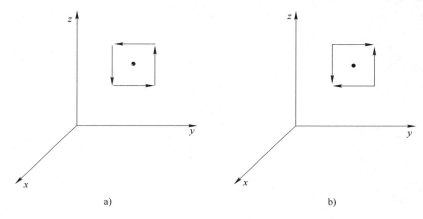

图 3.8　$\partial A_y / \partial z$ 和 $\partial A_z / \partial y$ 对旋度值的影响

图 3.8b 中的情形很不一样。在这个例子中，$\partial A_z / \partial y$ 和 $\partial A_y / \partial z$ 都为正，用 $\partial A_z / \partial y$ 减去 $\partial A_y / \partial z$ 会得到较小的结果，因此旋度的 x 分量会很小。旋度处处为零的矢量场称为"无旋场"。

下面是圆柱坐标和球坐标系中旋度的表达式：

$$\nabla \times A \equiv \left(\frac{1}{r} \frac{\partial A_z}{\partial \varphi} - \frac{\partial A_\varphi}{\partial z} \right) r + \left(\frac{\partial A_r}{\partial z} - \frac{\partial A_z}{\partial r} \right) \varphi + \frac{1}{r} \left(\frac{\partial (r A_\varphi)}{\partial r} - \frac{\partial A_r}{\partial \varphi} \right) z$$

$$（圆柱坐标）, \tag{3.15}$$

$$\nabla \times A \equiv \left(\frac{1}{r \sin\theta} \frac{\partial (A_\varphi \sin\theta)}{\partial \theta} - \frac{\partial A_\theta}{\partial \varphi} \right) r + \frac{1}{r} \left(\frac{1}{\sin\theta} \frac{\partial A_r}{\partial \varphi} - \frac{\partial (r A_\varphi)}{\partial r} \right) \theta$$

$$+ \frac{1}{r} \left(\frac{\partial (r A_\theta)}{\partial r} - \frac{\partial A_r}{\partial \theta} \right) \varphi （球坐标）. \tag{3.16}$$

$\boxed{\nabla \times \boldsymbol{E}}$ 电场的旋度

电荷产生的电场从正电荷所在的点散开，汇聚到负电荷所在的点，这样的场不会绕回它们自身。从图 3.9a 所示电偶极子的场线可以理解这一点。假设一条闭合路径沿着从正电荷散开的电场线前进，如图中虚线所示。要将路径闭合并回到正电荷，路径的一部分必须逆着电场线。在这一段，$\boldsymbol{E} \cdot \mathrm{d}\boldsymbol{l}$ 为负，这部分路径的作用会抵消 $\boldsymbol{E}$ 和 $\mathrm{d}\boldsymbol{l}$ 同向的那部分路径的 $\boldsymbol{E} \cdot \mathrm{d}\boldsymbol{l}$ 的正值。一旦你沿路径走完一圈，$\boldsymbol{E} \cdot \mathrm{d}\boldsymbol{l}$ 的积分刚好等于零。

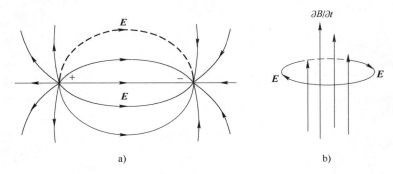

图 3.9　电荷产生电场与感生电场中的闭合路径

因此，电偶极子的场同所有静电场一样，没有旋度。

变化磁场感生的电场则很不一样，如图 3.9b 所示。存在变化磁场的地方，就会感生出环绕的电场。与电荷产生的电场不同，感生电场没有起始和终止点——它们不断循环并环绕回自身。如果穿过任何曲面的 $\boldsymbol{B}$ 在变化，则沿曲面边界对 $\boldsymbol{E} \cdot \mathrm{d}\boldsymbol{l}$ 积分得到的结果就不为零，这意味着感生电场有旋度。$\boldsymbol{B}$ 变得越快，则感生电场旋度的幅值越大。

$$\boxed{\nabla \times E = -\frac{\partial B}{\partial t}}$$ 应用法拉第定律（微分形式）

法拉第定律的微分形式在推导电磁波方程时极为有用，这在第 5 章会介绍。你可能还会遇到两类可以用这个方程解决的问题。一种是给定磁场随时间变化的函数，要求感生电场的旋度。另一种则是给定感生电场的表达式，要求确定磁场随时间的变化率。下面是这两类问题的例子。

例 3.4　给定磁场随时间变化的函数，求电场的旋度。

问题　给定某位置的磁场随时间变化的函数 $B(t) = B_0 \cos(kz - \omega t)j$，

（a）求此位置的感生电场的旋度。

（b）若已知 E_z 为零，求 E_x。

解　（a）根据法拉第定律，电场旋度为矢量磁场对时间求导数再取负数。因此

$$\nabla \times E = -\frac{\partial B}{\partial t} = -\frac{\partial[B_0 \cos(kz - \omega t)]j}{\partial t},$$

或

$$\nabla \times E = -\omega B_0 \sin(kz - \omega t)j。$$

（b）旋度的分量表示为

$$\left(\frac{\partial E_z}{\partial y} - \frac{\partial E_y}{\partial z}\right)i + \left(\frac{\partial E_x}{\partial z} - \frac{\partial E_z}{\partial x}\right)j + \left(\frac{\partial E_y}{\partial x} - \frac{\partial E_x}{\partial y}\right)k = -\omega B_0 \sin(kz - \omega t)j。$$

让 j 分量相等，并让 $E_z = 0$，得到

$$\left(\frac{\partial E_x}{\partial z}\right) = -\omega B_0 \sin(kz - \omega t)。$$

对 z 积分，得

$$E_x = \int -\omega B_0 \sin(kz - \omega t) \, \mathrm{d}z = \frac{\omega}{k} B_0 \cos(kz - \omega t),$$

此处省略积分常数。

例3.5 给定感生电场的表达式，求磁场随时间的变化率。

问题 给定感生电场如下，

$$\boldsymbol{E}(x,\ y,\ z) = E_0\left[\left(\frac{z}{z_0}\right)^2\boldsymbol{i} + \left(\frac{x}{x_0}\right)^2\boldsymbol{j} + \left(\frac{y}{y_0}\right)^2\boldsymbol{k}\right],$$

求磁场随时间的变化率。

解 根据法拉第定律，感生电场的旋度等于磁场随时间变化率的负数。因此

$$\frac{\partial \boldsymbol{B}}{\partial t} = -\ \boldsymbol{\nabla} \times \boldsymbol{E},$$

依题意可得

$$\frac{\partial \boldsymbol{B}}{\partial t} = -\left(\frac{\partial E_z}{\partial y} - \frac{\partial E_y}{\partial z}\right)\boldsymbol{i} - \left(\frac{\partial E_x}{\partial z} - \frac{\partial E_z}{\partial x}\right)\boldsymbol{j} - \left(\frac{\partial E_y}{\partial x} - \frac{\partial E_x}{\partial y}\right)\boldsymbol{k},$$

$$\frac{\partial \boldsymbol{B}}{\partial t} = -E_0\left[\left(\frac{2y}{y_0}\right)\boldsymbol{i} + \left(\frac{2z}{z_0}\right)\boldsymbol{j} + \left(\frac{x}{x_0}\right)\boldsymbol{k}\right]。$$

习题

下面的题目将强化你对法拉第定律的理解。本书的网站上有完整答案。

3.1 磁场随时间变化，$\boldsymbol{B}(t) = B_0 \mathrm{e}^{-5t/t_0}\boldsymbol{i}$，边为 a 的正方形环路位于 yz 平面，求环的感生电动势。

3.2 边长为 L 的正方形导体回路旋转，环路平面法向量与一个固定磁场 B 的夹角变化为 $\theta(t) = \theta_0(t/t_0)$；求环的感生电动势。

3.3 如图所示，在指向纸面的不变均匀磁场中，导体长条以速度 v 沿导体轨道下降。

（a）求环路中感生电动势的表达式。

（b）判断环路中的电流方向。

3.4　如图所示，边长为 a 的正方形环路以速度 v 进入垂直于环路平面且幅值为 B_0 的磁场。画出环路进入磁场、在磁场中和离开磁场时的感生电动势图。

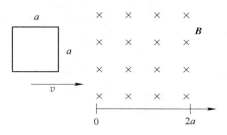

3.5　如图所示，半径为 20cm、电阻为 12Ω 的导线圈环绕在长为 38cm、半径为 10cm 的 5 圈螺线管上。如果螺线管的电流在 2s 内从 80mA 线性增长到 300mA，求线圈中的最大电流。

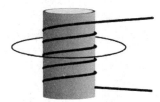

3.6　边长分别为 25cm 和 40cm 的 125 圈矩形导线圈在 3.5mT 的垂直磁场中绕水平轴旋转。要使线圈的感生电动势达到 5V，旋转速度应为多大？

3.7　长直螺线管中的电流变化为 $I(t) = I_0 \sin(\omega t)$。用法拉第定律求螺线管内部和外部感生电场随 r 变化的函数，其中 r 为与螺线管轴线的距离。

3.8　长直导线的电流以 $I(t) = I_0 e^{-t/\tau}$ 减小。求如图所示与导线共面、距离为 d、边长为 s 的正方形导线圈中的感生电动势。

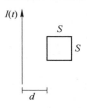

第4章 安培-麦克斯韦定律

几千年来，人类只知道某些铁矿石和被偶然或有意磁化的其他材料能产生磁场。1820 年，法国物理学家安培(Andre-Marie Ampere)在得知丹麦的奥斯特(Hans Christian Oersted)发现了电流可以让指南针偏转的几天后就开始着手将电流和磁场的关系进行量化。

在 18 世纪 50 年代，当麦克斯韦开始他的研究的时候，将恒定电流和环形磁场关联到一起的"安培"定律已经广为人知。不过，当时安培定律被认为只适用于恒定电流的静态情形。而麦克斯韦则是将另一种情形(变化的电通量)加了进来，从而将安培定律扩展到了时变情形。更重要的是，正是安培-麦克斯韦方程中这一项的出现使得麦克斯韦认识到了光的电磁本质，并发展出了电磁的综合理论。

4.1 安培-麦克斯韦定律的积分形式

安培-麦克斯韦定律的积分形式通常是如下：

$$\oint_C \boldsymbol{B} \cdot \mathrm{d}\boldsymbol{l} = \mu_0 \left(I_{\mathrm{enc}} + \varepsilon_0 \frac{\mathrm{d}}{\mathrm{d}t} \int_S \boldsymbol{E} \cdot \boldsymbol{n} \mathrm{d}a \right) \text{安培 - 麦克斯韦定律(积分形式)}。$$

方程左边是沿着闭合路径 C 的环绕磁场的数学描述。右边则包括了磁场的两个来源；静态导体电流和穿过 C 围绕的任意曲面 S 的变化电通量。

　　这一章将讨论磁场的环绕，描述在计算磁场 B 时要考虑哪些电流，并解释为何变化的电通量会被称为"位移电流"。后面也有用安培-麦克斯韦定律解决涉及电流和磁场问题的例子。同往常一样，首先你要理解安培-麦克斯韦定律的主要思想：

> 穿过曲面的电流或变化的电通量会产生沿曲面边界的环绕磁场。

　　也就是说，如果一条路径中包围了电流，或者以路径为边界的曲面中穿过的电通量随时间变化，就会沿路径产生磁场。

　　重要的是要认识到这条路径既可以是真实的也可以是想象的，无论路径存在与否，都会产生电流。

　　下面是安培-麦克斯韦定律的展开图：

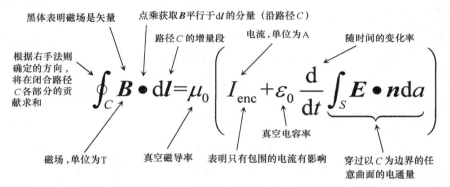

　　安培-麦克斯韦定律有什么用呢？如果知道包围的电流或电通量的变化，你可以用它来确定环绕的磁场。另外，在高度对称的场合，你可以将 B 从点积和积分中提取出来，从而确定磁场的幅值。

$\oint_C \boldsymbol{B} \cdot \mathrm{d}\boldsymbol{l}$ 磁场环流

围着一条电流恒定的长直导线移动磁性指南针，你会发现：导线中的电流会产生环绕导线的磁场，并且离导线越远磁场越弱。

如果用更复杂一点的设备和无穷长导线，你会发现磁场强度以 $1/r$ 降低，其中 r 是与导线的距离。因此如果你让测量设备在移动时与导线的距离保持不变，比如如图 4.1 所示围着导线转圈，磁场强度不会变化。如果留意围着导线转圈时磁场的方向，你会发现它总是沿着路径方向，垂直于导线的径向。

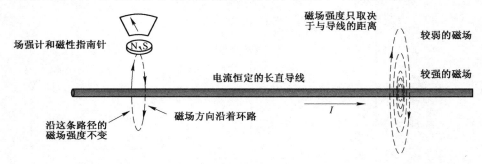

图 4.1　围绕通电导线的磁场

现在假想围着导线移动时每移动一小段就测量磁场的幅值和方向。每一步，得到磁场 $\boldsymbol{B}$ 沿路径增量 $\mathrm{d}\boldsymbol{l}$ 的分量，就可以得到 $\boldsymbol{B} \cdot \mathrm{d}\boldsymbol{l}$。跟踪分析所有的 $\boldsymbol{B} \cdot \mathrm{d}\boldsymbol{l}$，然后将整条路径的结果累加，就得到了安培-麦克斯韦方程左边的离散形式。让路径增量不断缩短趋近于 0，就变成了连续形式，即磁场的环流：

$$磁场环流 = \oint_C \boldsymbol{B} \cdot \mathrm{d}\boldsymbol{l} \tag{4.1}$$

　　安培-麦克斯韦定律告诉我们，这个量正比于积分路径(C)包围的电流和以此路径为边界的任意曲面的电通量的变化率。但如果你想用它来确定磁场的值，则还需要将 B 从点积和积分中提取出来。这意味着你在选择围绕导线的路径时要很小心——正如将电场从高斯定律中提取出来时需要选择"特定的高斯曲面"一样，在确定磁场时也要选择"特定的安培环路"。

　　后面三节会讨论安培-麦克斯韦定律右边的各项，然后会给出一些如何选择路径的例子。

μ_0 真空磁导率

安培-麦克斯韦定律中左边磁场环流与右边包围电流和电通量变化率之间的比例常数是 μ_0，真空磁导率。就像电容率刻画的是电介质对所施加的电场的响应一样，磁导率刻画的是材料对所施加的磁场的响应。安培-麦克斯韦定律中的磁导率是真空磁导率（或"自由空间磁导率"），因此带有下标0。

真空磁导率以国际标准单位计量时刚好是 $4\pi \times 10^{-7}$ V·s/(A·m)；这个单位有时候也叫作 N/A^2 或基本单位（m·kg/C^2）。因此，当你使用安培-麦克斯韦定律时，要记得右边每项都乘以

$$\mu_0 = 4\pi \times 10^{-7} \text{V·s/(A·m)} 。$$

同高斯电场定律中的电导率一样，这个量的存在并不意味着安培-麦克斯韦定律只能应用于真空中的源和场。安培-麦克斯韦定律的这种形式是通用的，对于所有电流都适用（无论是导体中还是真空中）。在附录中有这个定律的另一个版本，对于处理磁性材料中的电流和场会更有用。

电介质对电场的作用和磁性物质对磁场的作用有一个有趣的区别，许多磁性材料中的磁场实际上要比所施加的磁场更强。这是因为这些材料在处于外界磁场中时会被磁化，而且感生磁场与所施加的磁场方向相同，如图 4.2 所示。

磁性材料的磁导率通常表示为相对磁导率，它是材料磁导率与真空磁导率的比值：

相对磁导率 $\mu_r = \mu/\mu_0$。

$$(4.2)$$

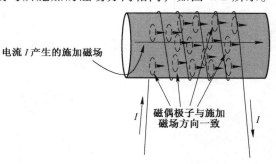

电流 I 产生的施加磁场

磁偶极子与施加磁场方向一致

图 4.2　螺旋线中磁心的作用

相对磁导率，按材料可分为抗磁性、顺磁性或铁磁性。抗磁性材料的 μ_r 稍小于 1.0，因为其有与施加磁场相反的微弱感生磁场。抗磁性材料包括金和银，μ_r 约为 0.99997。顺磁性材料产生的感生磁场略微加强施加磁场，因此这类材料的 μ_r 稍大于 1.0。顺磁性材料的一个例子就是铝，μ_r 为 1.00002。

　　铁磁性材料的情况更复杂，其磁导率依赖于施加磁场。一般，该类材料磁导率的最大值，范围可以从镍和钴的几百到高纯度铁的 5000。

　　你可能还记得，长直螺线管的电感表达式为

$$L = \frac{\mu N^2 A}{\ell},\tag{4.3}$$

式中，μ 为螺线管中材料的磁导率；N 为绕组圈数；A 为横截面积；ℓ 为线圈长度。

　　这个公式说明，在螺线管中加入铁心能将电感增大 5000 倍以上。

　　同电容率类似，任何介质的磁导率是确定电磁波在介质中传播速度的重要参数。只需用电感和电容测量 μ_0 和 ε_0 就能确定真空中的光速；在这个实验中，用麦克斯韦的话来说，光在其中唯一的作用就是用来看仪器。

$\boxed{I_{\text{enc}}}$ 包围的电流

"包围的电流"听起来简单，但安培-麦克斯韦定律的右边具体要包括哪些电流还需仔细思考。

"包围"是通过路径 C 完成的，对磁场的积分就是沿着它进行的，这一点在本章开头就应该清楚（如果你觉得想象包围什么的路径有困难，也许"环绕"这个词更好理解）。不过；思考一下如图 4.3 所示路径和电流；哪些电流被路径 C_1、C_2 和 C_3 包围，哪些又没有被包围呢？

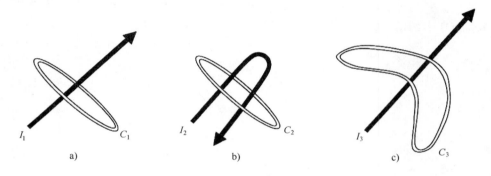

图 4.3　路径包围（和没有包围）的电流

回答这个问题最简单的办法就是想象一块张在路径上的薄膜，如图 4.4 所示。这样包围的电流就是穿过薄膜的净电流。

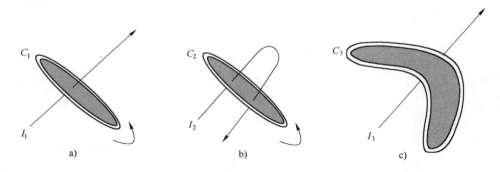

图 4.4　张在路径上的薄膜

之所以说"净"电流是因为必须考虑电流相对于积分方向的方向。通常用右手法则确定电流为正还是负：依积分方向沿路径卷起右手手指，大拇指指向的就是正向电流的方向。因此，图 4.4a 中，如果沿 C_1 的积分方向沿箭头所指，则包围的电流为 $+I_1$；如果积分方向反过来则为 $-I_1$。

利用薄膜方法和右手法则，可以看出图 4.4b、c 中包围的电流都为零。图 4.4b 中没有包围净电流，因为电流和为 $I_2 + (-I_2) = 0$，而图 4.4c 中则没有电流穿过薄膜。

这里需要理解的一个重要概念，就是无论曲面是什么形状，只要曲面是以积分路径为边界，包围的电流就都一样。图 4.4 所示曲面是最简单的，但你也可以选择如图 4.5 那样的曲面，包围的电流仍然一样。

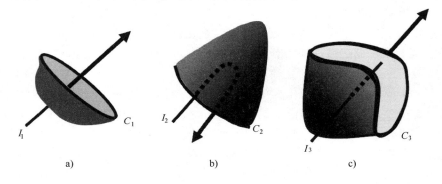

图 4.5　以 C_1、C_2 和 C_3 为边界的其他曲面

请注意图 4.5a 中电流 I_1 只在一点穿过曲面，因此包围的电流为 $+I_1$，这同图 4.4a 中平面薄膜的情形是一样的。在图 4.5b 中，电流 I_2 没有穿过"绒线帽"曲面，因此包围电流为 0，这同图 4.4b 中平面薄膜的情形也是一样的。图 4.5c 中的曲面 I_3 被电流穿过了两次，一次方向为正，一次方向为负，因此穿过曲面的净电流仍然为 0，同图 4.4c 中的情形（电流完全避开了薄膜）还是一样。

选择曲面和确定包围的电流不仅仅是智力消遣。在下一节我们会看到，麦克斯韦加到安培定律中的磁通量变化项的必要性，通过练习对这一点会理解得更为清楚。

$$\boxed{\frac{\mathrm{d}}{\mathrm{d}t}\int_S \boldsymbol{E} \cdot \boldsymbol{n}\,\mathrm{d}a}\ \text{电通量的变化率}$$

电通量的变化率这一项类似于法拉第定律中磁通量的变化率，这在第 3 章中曾介绍过。在那种情形中，穿过任何曲面的磁通量变化会沿曲面的边界路径感生环绕电场。

纯粹出于对称的想法，你可能会认为穿过曲面的电通量的变化会沿曲面的边界路径感生环绕磁场。毕竟磁场是环绕的——安培定律说的就是任何电流都会产生这样的环绕磁场。那为什么几十年过去了，都没有人根据法拉第的磁感应定律对应地提出"电感应"定律呢？

有一个原因，电通量变化感生的磁场极为微弱，很难被测量到，因此在 19 世纪没有实验证据支持这样的定律。另外，电和磁之间的对称性并不总是成立；宇宙中充斥着单独的电荷，却明显缺乏相应的磁子。

麦克斯韦和其同时代的物理学家确实意识到了安培定律只能应用于恒定电流，因为其只有在静态情形中才符合电荷守恒原理。为了更好地理解磁场与电流的关系，麦克斯韦设计了一个详细的概念模型，在模型中磁场用机械涡轮表示，电场则用沿涡轮旋转方向被推动的微小粒子运动表示。当麦克斯韦在模型中加入了弹性的概念并允许磁涡轮受到压力时变形后，他认识到在他的安培定律机械版本中需要加入额外的一项。理解了这一点，麦克斯韦就能抛开机械模型，用额外的磁场来源重写安培定律。这就是安培-麦克斯韦定律中电通量变化的来源。

大部分教科书用以下三个方法之一来证明安培-麦克斯韦定律中变化电通量这一项的必要性：电荷守恒、狭义相对论或者当安培定律应用于充电电容时导致的不一致。最后这个方法是最常见的，这一节采用的也正是这个方法。

考虑如图 4.6 所示电路。当开关闭合时，电流 I 会从电池流向电容为其充电。电流产生环绕导线的磁场，场的环流由安培定律给出

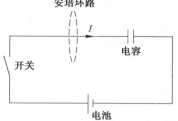

$$\oint_C \boldsymbol{B} \cdot \mathrm{d}\boldsymbol{l} = \mu_0 (I_{\mathrm{enc}})。$$

在确定包围电流时会出现一个严重的问题。根据安培定律，包围的电流包括穿过以闭合路径 C 为边界的任何曲面的所有电流。然而当你选择如图 4.7a 所示的平面薄膜或图 4.7b 所示帽形曲面时，得到的包围电流的结果却完全不同。

图 4.6　充电的电容

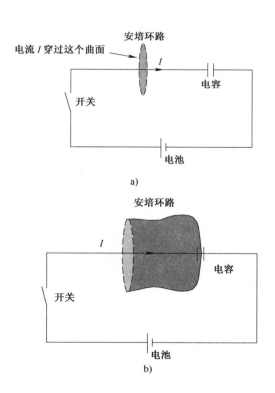

a)

b)

图 4.7　确定包围电流的不同曲面

当电容充电时电流 I 穿过了平面薄膜，却没有电流穿过帽形曲面（因为电荷在电容板上累积）。然而两者却都是以安培环路为边界，因此无论曲面为什么形状，磁场沿环路的积分必定一样。

你可能注意到了这种不一致只有在电容充电时才会发生。在开关闭合前电

流为 0，电容充满电后电流又会回到 0。在这两种情形中，穿过你想象的任何曲面的包围电流都为 0。因此当将安培定律扩展到充电电容和其他时变情形时，对其所做的任何修改都必须保证其在静态情形中的正确性。

认识到这些，我们可以将问题这样表述：既然在电容板之间没有传导电流，那么这片区域磁场的来源是什么？

由于电容充电时电荷在板上累积，可知板间电场必定随时间变化。这意味着穿过介于板间的这部分帽形曲面的电通量也会变化，因此可以用高斯电场定律确定电通量的变化。

如图 4.8 所示，仔细调整曲面形状，你可以将其变成"特定的高斯曲面"，曲面上处处与电场垂直，并且电场要么一样要么为 0。忽略边缘效应，两个带电导体板之间的电场为 $\boldsymbol{E} = (\sigma/\varepsilon_0)\boldsymbol{n}$，其中 σ 是板上的电荷密度（Q/A），穿过曲面的电通量为

$$\Phi_E = \int_S \boldsymbol{E} \cdot \boldsymbol{n}\mathrm{d}a = \int_S \frac{\sigma}{\varepsilon_0}\mathrm{d}a = \frac{Q}{A\varepsilon_0}\int_S \mathrm{d}a = \frac{Q}{\varepsilon_0}\text{。} \qquad (4.4)$$

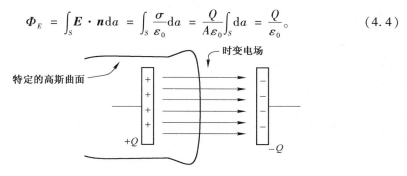

图 4.8   电容板之间变化的电通量

因此电通量随时间的变化为

$$\frac{\mathrm{d}}{\mathrm{d}t}\Big(\int_{S} \boldsymbol{E} \cdot \boldsymbol{n}\mathrm{d}a\Big) = \frac{\mathrm{d}}{\mathrm{d}t}\Big(\frac{Q}{\varepsilon_0}\Big) = \frac{1}{\varepsilon_0}\frac{\mathrm{d}Q}{\mathrm{d}t}\text{。} \tag{4.5}$$

乘以真空电容率，得

$$\varepsilon_0 \frac{\mathrm{d}}{\mathrm{d}t}\Big(\int_{S} \boldsymbol{E} \cdot \boldsymbol{n}\mathrm{d}a\Big) = \frac{\mathrm{d}Q}{\mathrm{d}t}\text{。} \tag{4.6}$$

因此，电通量随时间的变化率乘以电容率得到的单位是电荷量除以时间（即 C/s，国际标准单位 A），也就是**电流**的单位。而类似电流的量正是我们所期望的环绕曲面边界的磁场的额外来源。虽然没有电流真的穿过曲面，但是由于历史原因，电容率与穿过曲面的电通量变化的乘积还是被称为"位移电流"。位移电流的定义为

$$I_d \equiv \varepsilon_0 \frac{\mathrm{d}}{\mathrm{d}t}\Big(\int_{S} \boldsymbol{E} \cdot \boldsymbol{n}\mathrm{d}a\Big)\text{。} \tag{4.7}$$

无论怎么称呼，麦克斯韦加入到安培定律中的这一项展现了他在物理学方面深刻的洞察力，同时也为他日后发现光的电磁本质奠定了基础。

$$\oint_C \boldsymbol{B} \cdot \mathrm{d}\boldsymbol{l} = \mu_0 \left(I_{\mathrm{enc}} + \varepsilon_0 \frac{\mathrm{d}}{\mathrm{d}t} \int_S \boldsymbol{E} \cdot \boldsymbol{n}\mathrm{d}a \right)$$

应用安培-麦克斯韦定律（积分形式）

类似于高斯电场定律，安培-麦克斯韦定律中的磁场被积分号包围，并且通过点积同其他矢量耦合在一起。可想而知，只有高度对称的情形才能用这个定律确定磁场。幸运的是，几个有趣的和真实的几何对象具有所需的对称性，包括长直通电导线和平行板电容器。

对这类问题，挑战在于找出安培环路，在环路上 $\boldsymbol{B}$ 均匀并且与环路夹角不变。然而，问题还没有解决又怎么知道 $\boldsymbol{B}$ 是什么样的呢？

在许多情况下，根据过去的经验或实验证据，我们已经对磁场的特性有了一定的认识。但如果不是这样，又怎么才能画出安培环路呢？

对这个问题并没有标准答案，但最好的办法是通过逻辑推理得到有用的结果。即使是复杂的几何对象，也可能用毕奥-萨伐尔定律，根据对称性考虑消除一些分量，判断出场的方向。另外，可以通过假设 $\boldsymbol{B}$ 的各种特征，然后看从中是否能推导出合理的结果。

例如，对于涉及长直导线的问题，可以这样推理：离导线越远，$\boldsymbol{B}$ 的幅值肯定越小；否则奥斯特在丹麦进行演示时肯定会误导世界各地的指南针，而这显然是不可能的。另外，由于导线是圆的，没理由认为导线一边的磁场会与另一边的磁场不同。因此如果 $\boldsymbol{B}$ 随着与导线距离的增加而减小，那围着导线肯定都是一样的，可以有把握地认为 $\boldsymbol{B}$ 为常数的路径应当是以导线为中心的圆并且垂直于电流方向。

然而，要解决安培定律中 $\boldsymbol{B}$ 与 $\mathrm{d}\boldsymbol{l}$ 的点积，还需要让路径与磁场的夹角保持不变（最好是 $0°$）。如果 $\boldsymbol{B}$ 的径向和横向分量都随距离变化，则路径与磁场之间的夹角就有可能取决于与导线的距离。

如果你理解了毕奥-萨伐尔定律中 dl 和 r 的叉乘，可能会怀疑这里不是这样。为了证实这一点，假设 B 有直接指向导线的分量。如果你顺着电流的方向沿着导线向前看，你会看到电流离你而去并且磁场指向导线。而如果在同一时间你的朋友朝着与你相反的方向看，她会看到电流向着她流去并且磁场也是指向导线。

现在想一想，如果将电流反向会有什么结果。根据毕奥-萨伐尔定律，磁场正比于电流（$B \propto I$），让电流反向必定也会让磁场反向，B 应当从导线向外指。现在再沿原来的方向看，你会发现电流流向你（开始是远离你，现在反向了），磁场则从导线往外指。你的朋友也沿着原来的方向看，她会看到电流远离她，磁场则指向导线。

同你朋友的观察进行比较，你会发现逻辑不一致。你会说"远离我的电流会产生指向导线的磁场，流向我的电流会产生从导线往外指的磁场"。而你朋友观察到的则与之相反。另外，如果你们交换位置后重复实验，你们会发现原来的结论不再成立。

如果磁场环绕导线，没有径向分量，就不会有这种不一致。如果 B 只有 φ 分量[⊖]，则所有观察者都会同意远离观察者的电流产生顺时针磁场，而流向观察者的电流则产生逆时针磁场。

在缺乏外部证据时，这类逻辑推理是你在设计合适的安培环路时最好的引导。因此，对于涉及直导线的问题，对环路的合乎逻辑的选择就是以导线为中心的圆圈。环路应当选多大呢？取决于你设计安培环路的初衷（如求某些位置磁场的值）。因此**让你的安培环路通过那个位置**。换句话说，环路半径应当等于导线与你要求磁场值的目标点的距离。后面的例子展示了具体做法。

⊖ 本书的网站上有关于柱面坐标系和球面坐标系的回顾内容。

例 4.1　给定导线中的电流，求导线内部和外部的磁场。

问题　半径为 r_0 的长直导线通有恒定电流 I，电流在导线截面上均匀分布。求半径 r 处的磁场幅值，r 为到导线中心的距离，包括 $r > r_0$ 和 $r < r_0$。

解　由于电流恒定，因此可以利用安培定律的原始形式，

$$\oint_C \boldsymbol{B} \cdot \mathrm{d}\boldsymbol{l} = \mu_0 (I_{\mathrm{enc}})。$$

要求导线外部$(r > r_0)$的 $\boldsymbol{B}$，可利用前面的逻辑推理画出导线外部的环路，如图 4.9 所示安培环路#1。由于 $\boldsymbol{B}$ 和 $\mathrm{d}\boldsymbol{l}$ 都只有 φ 分量，如果根据右手法则确定积分方向，两者方向也一样，因此点积 $\boldsymbol{B} \cdot \mathrm{d}\boldsymbol{l}$ 变成 $|\boldsymbol{B}||\mathrm{d}\boldsymbol{l}| \cos 0°$。又由于 $|\boldsymbol{B}|$ 沿着环不变，得到积分为

$$\oint_C \boldsymbol{B} \cdot \mathrm{d}\boldsymbol{l} = \oint_C |\boldsymbol{B}||\mathrm{d}\boldsymbol{l}| = B \oint_C \mathrm{d}l = B(2\pi r)，$$

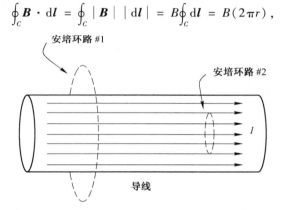

图 4.9　半径为 r_0 的长直通电导线的安培环路

其中，r 为安培环路的半径[⊖]。根据安培定律，沿着环路对 $\boldsymbol{B}$ 的积分等于包围的电流乘以真空磁导率，而这里包围的电流就是 I，因此

$$B(2\pi r) = \mu_0(I_{\text{enc}}) = \mu_0 I,$$

由于 $\boldsymbol{B}$ 的方向为 φ，因此

$$B = \frac{\mu_0 I}{2\pi r}\varphi,$$

同表 2.1 中的式子一致。这表明在导线外部磁场以 $1/r$ 减小，等同于电流集中在导线的中心。

要求导线内部的磁场，可以用同样的逻辑推理画出更小的环路，如图 4.9 所示的安培环路#2。这里唯一的区别在于不是所有的电流都包围在环路中；因为电流在导线整个截面上均匀分布，电流密度[⊖]为 $I/(\pi r_0^2)$，通过环路的电流就是电流密度乘以环的面积。因此

$$包围的电流 = 电流密度 \times 环路面积$$

或

$$I_{\text{enc}} = \frac{I}{\pi r_0^2}\pi r^2 = I\frac{r^2}{r_0^2}。$$

将其代入安培定律，得

$$\oint_C \boldsymbol{B} \cdot \mathrm{d}\boldsymbol{l} = B(2\pi r) = \mu_0 I_{\text{enc}} = \mu_0 I\frac{r^2}{r_0^2},$$

或

$$B = \frac{\mu_0 I r}{2\pi r_0^2}。$$

因此，导线内部的磁场随着与导线中心的距离呈线性递增，在导线表面处达到最大。

⊖　理解这一点的另一种方式是将 $\boldsymbol{B}$ 记为 $B_\varphi\varphi$，将 $\mathrm{d}\boldsymbol{l}$ 记为 $(r\mathrm{d}\varphi)\varphi$，这样就有 $\boldsymbol{B} \cdot \mathrm{d}\boldsymbol{l} = B_\varphi r\mathrm{d}\varphi$ 和 $\int_0^{2\pi} B_\varphi r\mathrm{d}\varphi = B_\varphi(2\pi r)$。

⊖　如果你不是很理解导线密度，这一章后面会有一节讲到这个问题。

例 4. 2　给定电容电荷随时间的变化，求板间电通量的变化率和特定位置产生的磁场的幅值。

问题　电势差为 ΔV 的电池，通过电阻为 R 的导线，对半径为 r_0、电容为 C 的圆形平行板电容器充电。求板间电通量的变化率关于时间的函数以及距板中心 r 处的磁场。

解　根据式(4.5)，板间电通量的变化率为

$$\frac{\mathrm{d}\Phi_E}{\mathrm{d}t} = \frac{\mathrm{d}}{\mathrm{d}t}\Big(\int_S \boldsymbol{E} \cdot \boldsymbol{n}\mathrm{d}a\Big) = \frac{1}{\varepsilon_0}\frac{\mathrm{d}Q}{\mathrm{d}t},$$

其中，Q 为每个板上的总电荷。因此首先要确定电容器在充电时板上电荷随时间的变化。如果你学习过 RC 串联电路，可能还记得相关的公式为

$$Q(t) = C\Delta V(1 - \mathrm{e}^{-\frac{t}{RC}}),$$

其中，ΔV、R 和 C 分别表示电势差、串联电阻和电容。因此，

$$\frac{\mathrm{d}\Phi_E}{\mathrm{d}t} = \frac{1}{\varepsilon_0}\frac{\mathrm{d}}{\mathrm{d}t}[\,C\Delta V(1 - \mathrm{e}^{-\frac{t}{RC}})\,] = \frac{1}{\varepsilon_0}\Big(C\Delta V\frac{1}{RC}\mathrm{e}^{-\frac{t}{RC}}\Big) = \frac{\Delta V}{\varepsilon_0 R}\mathrm{e}^{-\frac{t}{RC}}。$$

这就是板间总电通量的变化率。要求距离板中心 r 处的磁场，还要构造安培环路来帮助你将磁场从安培-麦克斯韦定律的积分中提取出来：

$$\oint_C \boldsymbol{B} \cdot \mathrm{d}\boldsymbol{l} = \mu_0\Big(I_{\mathrm{enc}} + \varepsilon_0\frac{\mathrm{d}}{\mathrm{d}t}\int_S \boldsymbol{E} \cdot \boldsymbol{n}\mathrm{d}a\Big),$$

由于电容板间没有电流，即 $I_{\mathrm{enc}} = 0$，故

$$\oint_C \boldsymbol{B} \cdot \mathrm{d}\boldsymbol{l} = \mu_0\Big(\varepsilon_0\frac{\mathrm{d}}{\mathrm{d}t}\int_S \boldsymbol{E} \cdot \boldsymbol{n}\mathrm{d}a\Big)。$$

同前面的例子一样，你需要设计出特定的安培环路，使得其在环路上的磁场幅值不变，方向与积分方向一致。根据与直导线类似的逻辑，你会发现最好的选择是构造平行于板的环，如图 4.10 所示。

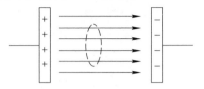

图 4.10　电容板间的安培环路

环路的半径为 r，也等于是在求磁场的目标点与板中心的距离。当然，不是所有的板间电通量都穿过环，因此还需要修正电通量变化的公式。穿过半径为 r 的环的电通量占总电通量的比例就是环的面积与板的面积之比，即 $\pi r^2 / \pi r_0^2$，因此穿过环路的电通量的变化率为

$$\left(\frac{\mathrm{d}\boldsymbol{\Phi}_E}{\mathrm{d}t} \right)_{环} = \frac{\Delta V}{\varepsilon_0 R} \mathrm{e}^{-\frac{t}{RC}} \left(\frac{r^2}{r_0^2} \right),$$

将其代入安培-麦克斯韦定律得到

$$\oint_C \boldsymbol{B} \cdot \mathrm{d}\boldsymbol{l} = \mu_0 \left[\varepsilon_0 \frac{\Delta V}{\varepsilon_0 R} \mathrm{e}^{-\frac{t}{RC}} \left(\frac{r^2}{r_0^2} \right) \right] = \frac{\mu_0 \Delta V}{R} \mathrm{e}^{-\frac{t}{RC}} \left(\frac{r^2}{r_0^2} \right),$$

又根据与例 4.1 相同的对称性推理，选择的安培环路允许将 $\boldsymbol{B}$ 从点积和积分中提取出来，即

$$\oint_C \boldsymbol{B} \cdot \mathrm{d}\boldsymbol{l} = B(2\pi r) = \frac{\mu_0 \Delta V}{R} \mathrm{e}^{-\frac{t}{RC}} \left(\frac{r^2}{r_0^2} \right),$$

可得

$$B = \frac{\mu_0 \Delta V}{2\pi r R} \mathrm{e}^{-\frac{t}{RC}} \left(\frac{r^2}{r_0^2} \right) = \frac{\mu_0 \Delta V}{2\pi R} \mathrm{e}^{-\frac{t}{RC}} \left(\frac{r}{r_0^2} \right),$$

表明磁场随着与电容板中心的距离呈线性递增，随着时间呈指数减小，当 $t = RC$ 时降为初始值的 $1/\mathrm{e}$。

4.2　安培-麦克斯韦定律微分形式

安培-麦克斯韦定律的微分形式通常写为

$$\boldsymbol{\nabla} \times \boldsymbol{B} = \mu_0 \left(\boldsymbol{J} + \varepsilon_0 \frac{\partial \boldsymbol{E}}{\partial t} \right) \text{安培-麦克斯韦定律。}$$

方程的左边是磁场旋度的数学描述——场线围绕一点旋转的趋势。右边的两项表示电流密度和电场随时间的变化率。

这些项会在后面各节详细讨论。现在请先理解安培-麦克斯韦定律微分形式的主要思想：

> 电流和随时间变化的电场会产生环绕的电场。

为了有助于理解安培-麦克斯韦定律微分形式中各符号的意义，下面给出展开图：

黑体表明 del 算子是矢量算符　　黑体表明磁场是矢量　　黑体表明电流密度是矢量　　电场随时间的变化率

$$\boldsymbol{\nabla} \times \boldsymbol{B} = \mu_0 \left(\boldsymbol{J} + \varepsilon_0 \frac{\partial \boldsymbol{E}}{\partial t} \right)$$

真空磁导率

磁场，单位为 T

微分算子，读作"del"
或"nabla"　　叉乘将 del 算子转换为旋度　　电流密度，单位为 A/m^2　　真空电容率

$\boxed{\nabla \times \boldsymbol{B}}$ 磁场的旋度

安培-麦克斯韦定律微分形式的左边表示的是磁场的旋度。所有磁场,无论是由电流还是变化的电场产生的,都会绕回其自身形成连续的环路。而所有绕回其自身的场都至少有一处的场的路径积分不为零。对于磁场,旋度不为零的位置位于有电流流动或是电场变化的地方。

重要的是要认识到正是由于磁场的环绕,才不能得出场中旋度处处不为零的结论。一个常见的错误是认为矢量场中弯曲的地方旋度就不为零。

要理解这为什么不对,考虑如图 2.1 所示无穷长直线电流的磁场。磁场线环绕电流,根据表 2.1 可知磁场的方向为 φ 并且以 $1/r$ 递减

$$\boldsymbol{B} = \frac{\mu_0 I}{2\pi r}\boldsymbol{\varphi}。$$

通过圆柱坐标系可以直接求出这个场的旋度

$$\nabla \times \boldsymbol{B} = \left(\frac{1}{r}\frac{\partial B_z}{\partial \varphi} - \frac{\partial B_\varphi}{\partial z} \right)\boldsymbol{r} + \left(\frac{\partial B_r}{\partial z} - \frac{\partial B_z}{\partial r} \right)\boldsymbol{\varphi} + \frac{1}{r}\left[\frac{\partial (rB_\varphi)}{\partial r} - \frac{\partial B_r}{\partial \varphi} \right]\boldsymbol{z}。$$

由于 B_r 和 B_z 都为零,因此

$$\nabla \times \boldsymbol{B} = \left(\frac{\partial B_\varphi}{\partial z} \right)\boldsymbol{r} + \frac{1}{r}\left[\frac{\partial (rB_\varphi)}{\partial r} \right]\boldsymbol{z} = -\frac{\partial (\mu_0 I/2\pi r)}{\partial z}\boldsymbol{r} + \frac{1}{r}\frac{\partial (r\mu_0 I/2\pi r)}{\partial r}\boldsymbol{z} = 0。$$

但是,安培-麦克斯韦定律的微分形式不是说磁场的旋度在电流或变化的电场附近不为零吗?

不是的。它说的是 $\boldsymbol{B}$ 的旋度在有电流流动或电场变化的位置不为零。在这个位置以外,场肯定会弯曲,但旋度正好为零,就像刚才从无穷长直线电流的磁场公式中得出的结论那样。

　　弯曲的场怎么会有零旋度呢？奥秘在于除了磁场的方向还有幅值，如图 4.11 所示。用液流和小桨轮来类比，想象桨轮在场中的受力，如图 4.11a 所示。曲率的中心在图的正下方，箭头的分布表明距中心越远场越弱。初看上去，桨轮似乎会因为场的曲率而顺时针旋转，因为左边桨叶处的流线稍稍向上而右边则稍稍向下。然而考虑到桨轮轴上方的场变弱的影响：上面的桨叶受到的推力弱于下面的桨叶受到的推力，如图 4.11b 所示。下面的桨叶受到的更强的力会试图让桨轮逆时针旋转。这样，向下的曲率就被离中心越远场越弱的作用抵消了。如果场以 $1/r$ 减小，则左右桨叶的上下推力正好被上下桨叶的弱-强推力抵消。顺时针和逆时针的力平衡，桨叶不会转动——虽然场线是弯曲的，但这个位置上的旋度却为零。

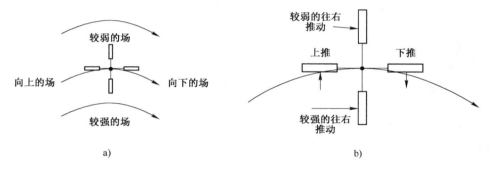

图 4.11　B 的旋度的各分量抵消

　　在这个解释中关键概念是磁场可能在很多位置弯曲，但只有有电流流动（或电通量变化）的点，B 的旋度才不为零。这类似于点电荷的电场幅值以 $1/r^2$ 减小导致电荷位置以外的点的电场散度保持为零。

　　同电场的例子一样，我们之前的分析之所以没有包括原点（$r=0$），是因为旋度公式的分母中包含 r 项，在原点这些项会趋于无穷大。要估计原点的旋度，可以用第 3 章给出的旋度的形式化定义：

$$\nabla \times \boldsymbol{B} \equiv \lim_{\Delta S \to 0} \frac{1}{\Delta S} \oint_C \boldsymbol{B} \cdot \mathrm{d}\boldsymbol{l}_{\circ}$$

考虑环绕电流的特定安培环路，得到

$$\nabla \times \boldsymbol{B} \equiv \lim_{\Delta S \to 0} \frac{1}{\Delta S} \oint_C \boldsymbol{B} \cdot \mathrm{d}\boldsymbol{l} = \lim_{\Delta S \to 0}\left[\frac{1}{\Delta S} \frac{\mu_0 I}{2\pi r}(2\pi r) \right] = \lim_{\Delta S \to 0}\left(\frac{1}{\Delta S} \mu_0 I \right)_{\circ}$$

而 $I/\Delta S$ 正好就是曲面 ΔS 上的平均电流密度，当 ΔS 趋近于 0，就趋近于 $\boldsymbol{J}$，即原点处的电流密度。因此，在原点

$$\nabla \times \boldsymbol{B} = \mu_0 \boldsymbol{J},$$

这个结论与安培定律一致。

　　因此就像你可能因为电荷产生的电场矢量相互远离而误认为其处处有"散度"一样，你也可能因为磁场围绕中心点旋转而误认为其处处有"旋度"。然而决定一个点的旋度的关键因素并不是场线的曲率，而是这一点的场左右两边和上下两边的变化的比较。如果空间导数正好相等，则这一点的旋度就为零。

　　在通电导线的例子中，距导线越远磁场幅值越小刚好抵消了场线的曲率。因此除了有电流流过的导线本身之外，磁场的旋度处处为零。

$\boxed{J}$ 电流密度

安培-麦克斯韦定律微分形式的右边包含环绕磁场的两个来源项；第一个涉及电流密度矢量。有时也称为"体电流密度"，有点容易与"体密度"相混淆，后者指的是单位体积中的某种量，例如质量密度 kg/m^3 或电荷密度 C/m^3。

而电流密度与此不同，它的定义是流过与电流方向垂直的单位横截面积中的电流矢量。因此，电流密度的单位不是安培每立方米（A/m^3），而是安培每平方米（A/m^2）。

为了理解电流密度的概念，回想一下第 1 章对通量的讨论，量 A 定义为流的数量密度（粒子/ m^3）乘以流速（m/s）。作为数量密度（标量）和速度（矢量）乘积的 A 是与速度方向相同的矢量，单位为粒子/（$m^2 \cdot s$）。要求最简单情形下（A 均匀并且垂直于曲面）每秒穿过曲面的粒子数量，只需用 A 乘以面积。

电流密度的概念与此是一样的，只是需要考虑的是穿过曲面的电荷数量而不是原子数量。如果电荷载体的数量密度为 n，每个载体的电荷量为 q，则每秒穿过垂直于流的单位面积的电荷量为

$$J = nq v_d \left[C/(m^2 \cdot s) \text{ 或 } A/m^2 \right]。 \tag{4.8}$$

其中，v_d 为电荷载体的平均移动速度。因此电流密度的方向就是电流的方向，幅值为单位面积内的电流，如图 4.12 所示。

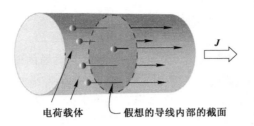

电荷载体　　　　假想的导线内部的截面

图 4.12　电荷流和电流密度

穿过曲面的总电流 I 与电流密度 J 之间关系的复杂程度取决于具体的几何情形。如果曲面 S 上的电流密度 J 均匀并且处处垂直于曲面，则关系为

$$I = |J| \times （曲面面积） \quad J 均匀并且垂直于 S。 \tag{4.9}$$

如果 J 在曲面 S 上均匀但不一定垂直于 S，要求通过 S 的总电流 I 就需要求出电流密度垂直于曲面的分量。这时 I 与 J 之间的关系为

$$I = J \cdot n \times （曲面面积） \quad J 均匀并且与 S 有固定夹角。 \tag{4.10}$$

而如果 J 既不均匀也不垂直于曲面，则

$$I = \int_S J \cdot n \, \mathrm{d}a \quad J 不均匀并且与曲面夹角变化。 \tag{4.11}$$

这个公式解释了为什么有些课本将电流称为"电流密度通量"。

安培-麦克斯韦定律中的电流密度包括所有电流，包括磁性材料中的束缚电流在内。在附录中会有更多关于麦克斯韦方程的内容。

$\boxed{\varepsilon_0 \dfrac{\partial E}{\partial t}}$ 位移电流密度

安培-麦克斯韦定律中磁场的第二个来源项与电场随时间的变化率有关。将其乘上真空电容率，就得到了这一项的国际标准单位安培每平方米（A/m^2）。单位与同样出现在安培-麦克斯韦定律微分形式右边的传导电流密度 J 一样。麦克斯韦最初将这一项归为磁涡流的弹性变形所导致的带电粒子的物理位移，其他人就用"位移电流"描述这个作用。

但位移电流密度表示的是真实的电流吗？这里指的当然不是这个词的传统意义，因为电流定义为电荷的物理位移。但很容易理解这一项为什么会以 A/m^2 为单位并且作为磁场的一个来源多年来一直保留了这个称谓。而且位移电流密度也是矢量，它与磁场的关系同传导电流密度 J 一样。

这里关键的概念是变化的电场产生变化的磁场，即使不存在电荷和物理电流。利用这个机制，电磁波即使在真空中也可以传播，变化的磁场感生电场，变化的电场又感生磁场。

位移电流项最初来自麦克斯韦的机械模型，它的重要性毋庸置疑。将变化的电场加进来作为磁场的来源消除了安培定律与电荷守恒原理的不一致性，将安培定律的范围扩展到了时变场。更重要的是，麦克斯韦从此可以建立起综合性的电磁理论，这是第一个真正的场论，成为了 20 世纪许多物理学的基础。

$$\boxed{\nabla \times \boldsymbol{B} = \mu_0 \left(\boldsymbol{J} + \varepsilon_0 \frac{\partial \boldsymbol{E}}{\partial t} \right)}\ \textbf{应用安培-麦克斯韦定律(微分形式)}$$

安培-麦克斯韦定律微分形式最常见的应用是给定矢量磁场的表达式,求电流密度或位移电流。下面是这类问题的两个例子。

例 4.3　给定磁场,求特定位置的电流密度。

问题　用表 2.1 中的磁场表达式求半径为 r_0、电流为 I 的长直导线的内部和外部电流密度,电流在 z 轴正方向的整个体积中均匀分布。

解　根据表 2.1 和例 4.1,长直导线内部的磁场为

$$\boldsymbol{B} = \frac{\mu_0 I r}{2 \pi r_0^2} \boldsymbol{\varphi},$$

其中,I 为导线中的电流;r_0 为导线半径。在圆柱坐标系中,$\boldsymbol{B}$ 的旋度为

$$\nabla \times \boldsymbol{B} \equiv \left(\frac{1}{r} \frac{\partial B_z}{\partial \varphi} - \frac{\partial B_\varphi}{\partial z} \right) \boldsymbol{r} + \left(\frac{\partial B_r}{\partial z} - \frac{\partial B_z}{\partial r} \right) \boldsymbol{\varphi} + \frac{1}{r} \left[\frac{\partial (r B_\varphi)}{\partial r} - \frac{\partial B_r}{\partial \varphi} \right] \boldsymbol{z}_\circ$$

由于 $\boldsymbol{B}$ 只有 $\boldsymbol{\varphi}$ 向分量,因此

$$\nabla \times \boldsymbol{B} \equiv \left(-\frac{\partial B_\varphi}{\partial z} \right) \boldsymbol{r} + \frac{1}{r} \left[\frac{\partial (r B_\varphi)}{\partial r} \right] \boldsymbol{z} = \frac{1}{r} \frac{\partial \{ r [\mu_0 I r / (2 \pi r_0^2)] \}}{\partial r} \boldsymbol{z}$$

$$= \frac{1}{r} \left(2r \frac{\mu_0 I}{2 \pi r_0^2} \right) \boldsymbol{z} = \left(\frac{\mu_0 I}{\pi r_0^2} \right) \boldsymbol{z}_\circ$$

利用安培-麦克斯韦定律的静态版本(因为电流恒定),可以从 $\boldsymbol{B}$ 的旋度求出 $\boldsymbol{J}$:

$$\nabla \times \boldsymbol{B} = \mu_0 (\boldsymbol{J}),$$

可得

$$\boldsymbol{J} = \frac{1}{\mu_0}\left(\frac{\mu_0 I}{\pi r_0^2}\right)\boldsymbol{z} = \frac{I}{\pi r_0^2}\boldsymbol{z},$$

即导线内部的电流密度。求出导线外部 $\boldsymbol{B}$ 的旋度公式，可以发现 $\boldsymbol{J}=0$，同预想的结果一致。

例 4.4　给定磁场，求位移电流密度。

问题　根据例 4.2，圆形平行板电容器的磁场公式为

$$\boldsymbol{B} = \frac{\mu_0 \Delta V}{2\pi R}\mathrm{e}^{-\frac{t}{RC}}\left(\frac{r}{r_0^2}\right)\boldsymbol{\varphi}。$$

用这个结果求板间的位移电流密度。

解　这里又可以利用圆柱坐标系中 $\boldsymbol{B}$ 的旋度：

$$\nabla \times \boldsymbol{B} \equiv \left(\frac{1}{r}\frac{\partial B_z}{\partial \varphi} - \frac{\partial B_\varphi}{\partial z}\right)\boldsymbol{r} + \left(\frac{\partial B_r}{\partial z} - \frac{\partial B_z}{\partial r}\right)\boldsymbol{\varphi} + \frac{1}{r}\left[\frac{\partial (rB_\varphi)}{\partial r} - \frac{\partial B_r}{\partial \varphi}\right]\boldsymbol{z}。$$

同样，$\boldsymbol{B}$ 只有 $\boldsymbol{\varphi}$ 向分量：

$$\nabla \times \boldsymbol{B} = \left(-\frac{\partial B_\varphi}{\partial z}\right)\boldsymbol{r} + \frac{1}{r}\left[\frac{\partial (rB_\varphi)}{\partial r}\right]\boldsymbol{z} = \frac{1}{r}\frac{\partial\left[\left(\dfrac{r\mu_0\Delta V}{2\pi R}\right)\mathrm{e}^{-\frac{t}{RC}}(r/r_0^2)\right]}{\partial r}\boldsymbol{z}$$

$$= \frac{1}{r}\left[2r\frac{\mu_0\Delta V}{2\pi R}\mathrm{e}^{-\frac{t}{RC}}\left(\frac{1}{r_0^2}\right)\right]\boldsymbol{z} = \left[\frac{\mu_0\Delta V}{\pi R}\mathrm{e}^{-\frac{t}{RC}}\left(\frac{1}{r_0^2}\right)\right]\boldsymbol{z}。$$

由于板间没有传导电流，$\boldsymbol{J}=0$，安培-麦克斯韦定律为

$$\nabla \times \boldsymbol{B} = \mu_0\left(\varepsilon_0\frac{\partial \boldsymbol{E}}{\partial t}\right),$$

从中可得位移电流密度，

$$\varepsilon_0\frac{\partial \boldsymbol{E}}{\partial t} = \frac{\nabla \times \boldsymbol{B}}{\mu_0} = \frac{1}{\mu_0}\left[\frac{\mu_0\Delta V}{\pi R}\mathrm{e}^{-\frac{t}{RC}}\left(\frac{1}{r_0^2}\right)\right]\boldsymbol{z} = \left[\frac{\Delta V}{R}\mathrm{e}^{-\frac{t}{RC}}\left(\frac{1}{\pi r_0^2}\right)\right]\boldsymbol{z}。$$

习 题

下面的问题将测试你对安培-麦克斯韦定律的理解。本书的网站上有完整的答案。

4.1　两条平行导线以相反方向通过电流 I_1 和 $2I_1$。用安培定律求导线之间一点的磁场。

4.2　求螺线管中的磁场(提示：用图中所示安培环路，磁场平行于螺线管的轴并且外部磁场可忽略)。

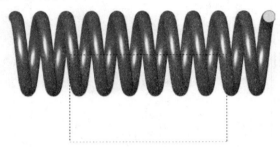

4.3　利用图中安培环路求圆环螺线管内的磁场。

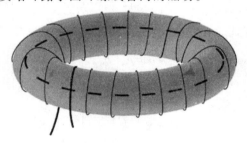

4.4　同轴电缆的内部导体通过方向如图所示电流 I_1，外部导体通过反向电流 I_2。设 I_1 和 I_2 大小相等，求导体之间和电缆外部的磁场。

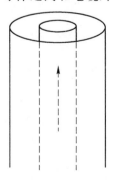

4.5　充电的电容器的电荷量变化满足

$$Q(t) = Q_0 \mathrm{e}^{-\frac{t}{RC}},$$

其中，Q_0 为初始电荷量；C 为电容值；R 为充电电路的电阻。求电容板间的位移电流密度。

4.6　电流产生磁场 $\boldsymbol{B} = a\sin(by)\,\mathrm{e}^{bx}\boldsymbol{z}$，则电流密度是多少？

4.7　磁场的圆柱坐标系的表达式为 $\boldsymbol{B} = B_0(\mathrm{e}^{-2r}\sin\varphi)\boldsymbol{z}$，求产生磁场的电流密度。

4.8　磁场的圆柱坐标系的表达式为 $\boldsymbol{B} = [a/r + b/(r\mathrm{e}^{-t}) + c\mathrm{e}^{-r}]\boldsymbol{\varphi}$，求产生磁场的电流密度。

4.9　这一章中讲到了长直导线的磁场为

$$\boldsymbol{B} = \frac{\mu_0 I}{2\pi r}\boldsymbol{\varphi},$$

除了导线本身以外处处旋度为零。请证明当磁场随距离呈 $1/r^2$ 减小时，这个结论不成立。

4.10　为了直接测量位移电流，研究者使用时变电压对圆形平行板电容器进行充放电。发现产生的磁场为

$$\boldsymbol{B} = \frac{r\omega\Delta V\cos(\omega t)}{2d(c^2)}\boldsymbol{\varphi},$$

其中，r 为与电容器中心的距离；ω 为施加电压 ΔV 的角频率；d 为板间距；c 为光速。求产生此磁场的位移电流密度和电场关于时间的函数。

第 5 章　从麦克斯韦方程到波动方程

前面 4 个方程统称为麦克斯韦方程，每一个都体现了电磁场理论的一个重要方面，各有用处。然而麦克斯韦的成就不仅在于对这些定理进行了综合或是在安培定理中加入了位移电流——通过将这些方程联系到一起，他实现了发展完整的电磁理论的目标。这个理论厘清了光的本质，并让人们认识了电磁辐射完整的谱系。

在这一章中，你将看到从麦克斯韦方程只需几步就能直接推导出波动方程。要做到这一点，首先要理解两个重要的矢量微积分的定理：散度定理和斯托克斯定理。这两个定理使得从麦克斯韦方程的积分形式到微分形式的转换变得非常直接。

高斯电场定律：

$$\oint_s \boldsymbol{E} \cdot \boldsymbol{n}\mathrm{d}a = \frac{q_{\mathrm{enc}}}{\varepsilon_0} \xrightarrow[\text{定理}]{\text{散度}} \boldsymbol{\nabla} \cdot \boldsymbol{E} = \frac{\rho}{\varepsilon_0}。$$

高斯磁场定律：

$$\oint_s \boldsymbol{B} \cdot \boldsymbol{n}\mathrm{d}a = 0 \xrightarrow[\text{定理}]{\text{散度}} \boldsymbol{\nabla} \cdot \boldsymbol{B} = 0。$$

法拉第定律：

$$\oint_C \boldsymbol{E} \cdot \mathrm{d}\boldsymbol{l} = -\frac{\mathrm{d}}{\mathrm{d}t} \int_s \boldsymbol{B} \cdot \boldsymbol{n}\mathrm{d}a \xrightarrow[\text{定理}]{\text{斯托克斯}} \boldsymbol{\nabla} \times \boldsymbol{E} = -\frac{\partial \boldsymbol{B}}{\partial t}。$$

安培-麦克斯韦定律：

$$\oint_C \boldsymbol{B} \cdot \mathrm{d}\boldsymbol{l} = \mu_0 \left(I_{\mathrm{enc}} + \varepsilon_0 \frac{\mathrm{d}}{\mathrm{d}t} \int_s \boldsymbol{E} \cdot \boldsymbol{n}\mathrm{d}a \right) \xrightarrow[\text{定理}]{\text{斯托克斯}} \boldsymbol{\nabla} \times \boldsymbol{B} = \mu_0 \left(\boldsymbol{J} + \varepsilon_0 \frac{\partial \boldsymbol{E}}{\partial t} \right)。$$

在讨论散度定理和斯托克斯定理的同时，也会讨论梯度算子和在这一章中有用的一些矢量恒等式。另外，因为目标是导出波动方程，所以下面给出了电磁场波动方程的展开图：

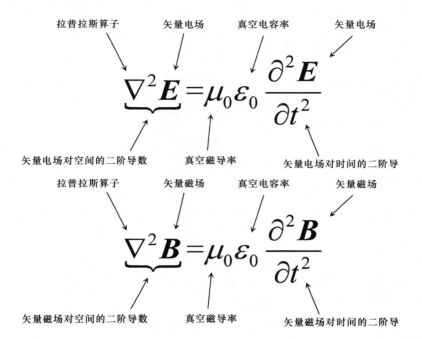

$$\oint_S \boldsymbol{A} \cdot \boldsymbol{n} \mathrm{d}a = \int_V (\boldsymbol{\nabla} \cdot \boldsymbol{A}) \, \mathrm{d}V$$ **散度定理**

散度定理是矢量微积分关系，说的是矢量场的通量等于场的散度的体积分。18 和 19 世纪的几位杰出数学家对线、面与体积分之间的关系进行了研究，其中包括意大利的拉格朗日（J. L. LaGrange）、俄国的奥斯特罗格拉茨基（M. V. Ostrogradsky）、英国的格林（G. Green）和德国的高斯（C. F. Gauss）。在一些教科书中，你会看到散度定理被称为"高斯定理"（不要与高斯定律混淆）。

散度定理可以陈述如下：

> 矢量场穿过闭合曲面 S 的通量等于 S 所包围的体积 V 中场的散度的积分。

这个定理适用于连续并且连续可导的"平滑的"矢量场。

为了理解散度定理的物理意义，回想一下任意一点的散度可以定义为当曲面包围的体积趋近于 0 时，穿过曲面的通量与曲面所包围的体积的比值。思考如图 5.1 所示体积 V 中穿过小立方胞体的通量。

对于内部胞体（没有与 V 的表面接触），会与 6 个相邻胞体共面（为了清晰起见，图 5.1 中只画出了部分）。在共用的面上，一个胞体的正（外）向通量与共面的相邻胞体的负（内）向通量大小相等、符号相反。由于所有内部胞体都与相邻胞体共面，因此只有位于 V 的边界曲面 S 上的那些面才对穿过 S 的通量有贡献。

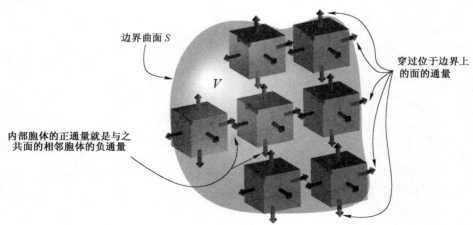

图 5.1　曲面 S 包围的体积 V 中的立方胞体

　　这意味着如果将体积 V 中所有胞体的通量相加，得到的就是穿过边界曲面 S 的通量。另外，根据散度的定义，当胞体趋于无穷小成为一个点时，这一点的外向通量就是矢量场在这一点的散度。因此，对所有胞体通量的累加就等于整个体积的散度积分。从而，

$$\oint_s \boldsymbol{A} \cdot \boldsymbol{n} \mathrm{d}a = \int_V (\boldsymbol{\nabla} \cdot \boldsymbol{A}) \mathrm{d}V。 \tag{5.1}$$

这就是散度定理——对 V 中矢量场散度的积分等于穿过 S 的通量。这有什么用处呢？首先，用它可以从高斯定律的积分形式推出微分形式。对于电场，高斯定律的积分形式为

$$\oint_s \boldsymbol{E} \cdot \boldsymbol{n} \mathrm{d}a = \frac{q_{\mathrm{enc}}}{\varepsilon_0}。$$

而包围的电荷量是电荷密度 ρ 的体积分，

$$\oint_s \boldsymbol{E} \cdot \boldsymbol{n} \mathrm{d}a = \frac{1}{\varepsilon_0} \int_V \rho \mathrm{d}V。$$

对高斯定律的左边应用散度定理，

$$\oint_s \boldsymbol{E} \cdot \boldsymbol{n} \mathrm{d}a = \int_V \boldsymbol{\nabla} \cdot \boldsymbol{E} \mathrm{d}V = \frac{1}{\varepsilon_0} \int_V \rho \mathrm{d}V = \int_V \frac{\rho}{\varepsilon_0} \mathrm{d}V。$$

上式对于任何体积都成立，因此积分元必定相等。从而有

$$\boldsymbol{\nabla} \cdot \boldsymbol{E} = \rho / \varepsilon_0，$$

即高斯电场定律的微分形式。对高斯磁场定律应用同样的方法可以得到

$$\boldsymbol{\nabla} \cdot \boldsymbol{B} = 0。$$

$$\oint_C \boldsymbol{A} \cdot \mathrm{d}\boldsymbol{l} = \int_S (\boldsymbol{\nabla} \times \boldsymbol{A}) \cdot \boldsymbol{n}\,\mathrm{d}a$$　**斯托克斯定理**

　　散度定理在曲面积分和体积分之间建立联系。斯托克斯定理则是在线积分和曲面积分之间建立联系。1850 年，威廉·汤姆森（William Thompson，开尔文男爵）在信中给出了这个关系，让其广为人知的则是斯托克斯（G. G. Stokes），他将自己的证明作为考试题出给剑桥大学的学生。你可能学过斯托克斯定理的一般陈述，但与麦克斯韦方程相关的形式（有时候也称为"开尔文-斯托克斯定理"）可以陈述如下：

> 　　矢量场在闭合路径 C 上的环流等于矢量场的旋度在以 C 为边界的曲面 S 上的法向分量积分。

　　这个定理适用于连续并且连续可导的"平滑的"矢量场。

　　为了理解斯托克斯定理的物理意义，回想一下任意一点的旋度可以定义为围绕这一点的无穷小路径上的环流与路径所包围的曲面面积的比值。思考如图 5.2 所示围绕曲面 S 上小方块的环流。

　　对于内部方块（没有与 S 的边界接触），每条边都为相邻的方块所共有。而对于每条共有的边，一个方块的环流与共边的相邻方块的环流大小相等、符号相反。只有位于 S 的边界上的那些边不是两个相邻方块共有的，因此才对沿 C 的环流有贡献。

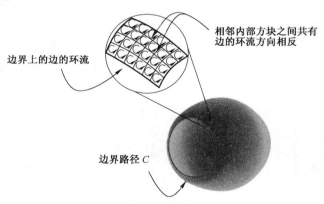

图 5.2　以路径 C 为边界的曲面 S 上的方块

　　因此，如果将曲面 S 上所有方块的环流累加，得到的就是沿边界 C 的环流。当方块趋于无穷小时，根据旋度的定义，将所有方块的环流累加就等于矢量场的旋度在曲面 S 上的法向分量的积分。从而有

$$\oint_C \boldsymbol{A} \cdot \mathrm{d}\boldsymbol{l} = \int_S (\boldsymbol{\nabla} \times \boldsymbol{A}) \cdot \boldsymbol{n} \mathrm{d}a。 \tag{5.2}$$

　　就像散度定理将曲面积分和散度联系起来一样，斯托克斯定理将线积分和旋度联系起来。根据定理，曲面 S 上旋度的法向分量的积分等于沿 C 的环流。另外，就像散度定理可以从高斯定律的积分形式推出微分形式一样，斯托克斯定理也可以应用于法拉第定律和安培-麦克斯韦定律的积分形式。

　　法拉第定律的积分形式将电场沿路径 C 的环流与以 C 为边界的曲面 S 的磁通量变化联系起来，

$$\oint_C \boldsymbol{E} \cdot \mathrm{d}\boldsymbol{l} = -\frac{\mathrm{d}}{\mathrm{d}t} \int_S \boldsymbol{B} \cdot \boldsymbol{n} \mathrm{d}a,$$

对左边的环流应用斯托克斯定理得到

$$\oint_C \boldsymbol{E} \cdot \mathrm{d}\boldsymbol{l} = \int_S (\boldsymbol{\nabla} \times \boldsymbol{E}) \cdot \boldsymbol{n} \mathrm{d}a,$$

从而法拉第定律变为

$$\int_S (\boldsymbol{\nabla} \times \boldsymbol{E}) \cdot \boldsymbol{n} \mathrm{d}a = -\frac{\mathrm{d}}{\mathrm{d}t} \int_S \boldsymbol{B} \cdot \boldsymbol{n} \mathrm{d}a,$$

由于几何不变性，对时间的导数可以移到积分号内部，从而有

$$\int_S (\boldsymbol{\nabla} \times \boldsymbol{E}) \cdot \boldsymbol{n} \mathrm{d}a = \int_S \left(-\frac{\partial \boldsymbol{B}}{\partial t} \cdot \boldsymbol{n} \right) \mathrm{d}a,$$

式中，偏导表明磁场可能既随时间也随空间变化。由于等式对于所有曲面都成立，因此积分元必定相等，得到

$$\nabla \times E = -\frac{\partial B}{\partial t},$$

即法拉第定律的微分形式，将一点处电场的旋度与磁场在这一点随时间的变化率联系起来。

　　斯托克斯定理也可以用于推导安培-麦克斯韦定律的微分形式。回想一下积分形式是将磁场沿路径 C 的环流与路径包围的电流以及以路径 C 为边界的曲面 S 的电通量随时间的变化率关联起来：

$$\oint_C B \cdot \mathrm{d}l = \mu_0 \left(I_{\text{enc}} + \varepsilon_0 \frac{\mathrm{d}}{\mathrm{d}t} \int_S E \cdot n \mathrm{d}a \right),$$

对环流应用斯托克斯定理得到

$$\oint_C B \cdot \mathrm{d}l = \int_S (\nabla \times B) \cdot n \mathrm{d}a,$$

安培-麦克斯韦定律变为

$$\int_S (\nabla \times B) \cdot n \mathrm{d}a = \mu_0 \left(I_{\text{enc}} + \varepsilon_0 \frac{\mathrm{d}}{\mathrm{d}t} \int_S E \cdot n \mathrm{d}a \right),$$

包围的电流可以表示成对电流密度的法向分量的积分

$$I_{\text{enc}} = \int_S J \cdot n \mathrm{d}a,$$

代入安培-麦克斯韦定律得到

$$\int_S (\nabla \times B) \cdot n \mathrm{d}a = \mu_0 \left(\int_S J \cdot n \mathrm{d}a + \int_S \varepsilon_0 \frac{\partial E}{\partial t} \cdot n \mathrm{d}a \right),$$

这个等式同样对所有曲面都成立，因此积分元必定相等，所以

$$\nabla \times B = \mu_0 \left(J + \varepsilon_0 \frac{\partial E}{\partial t} \right),$$

这就是安培-麦克斯韦定律的微分形式，将一点处磁场的旋度与这一点的电流密度以及电场随时间的变化率关联起来。

$\boxed{\nabla(\quad)}$ 梯度

　　要理解由麦克斯韦方程如何推出波动方程，首先必须理解矢量微积分中用到的一种三次微分运算——梯度。与散度和旋度类似，梯度涉及对 3 个正交方向上进行的偏导。不过，散度度量的是矢量场从一点流出的趋势，旋度表示的是矢量场围绕一点的环流，而梯度针对的则是**标量场**。与矢量场不同，标量场完全由其在不同位置的大小决定：标量场的一个例子是地势的海拔高度。

　　梯度能告诉我们标量场的什么呢？两个重要的事情：梯度的大小表示了标量场在空间中的变化有多快，而梯度的方向则是场随距离变化最快的方向。

　　因此，虽然梯度是应用于标量场，但梯度运算的结果却是矢量，既有大小又有方向。如果标量场表示的是海拔高度，梯度的大小告诉我们的就是地势有多陡峭，而梯度的方向则指向坡度最陡峭的上坡方向。

　　标量场 ψ 的梯度定义为

$$\operatorname{grad}(\psi) = \boldsymbol{\nabla}\psi \equiv \boldsymbol{i}\,\frac{\partial \psi}{\partial x} + \boldsymbol{j}\,\frac{\partial \psi}{\partial y} + \boldsymbol{k}\,\frac{\partial \psi}{\partial z} \quad \text{（笛卡儿坐标系）。} \qquad (5.3)$$

式中，ψ 的梯度的 x 分量表示标量场在 x 方向上的坡度；y 分量表示 y 方向上的坡度；z 分量表示 z 方向上的坡度。各分量平方和的方根就是在求取梯度的这一点的坡度的总陡峭度。

　　在圆柱和球坐标系中，梯度可以分别表示为

$$\boldsymbol{\nabla}\psi \equiv \boldsymbol{r}\,\frac{\partial \psi}{\partial r} + \boldsymbol{\varphi}\,\frac{\partial \psi}{\partial \varphi} + \boldsymbol{z}\,\frac{\partial \psi}{\partial z} \quad \text{（圆柱坐标系）} \qquad (5.4)$$

和

$$\boldsymbol{\nabla}\psi \equiv \boldsymbol{r}\,\frac{\partial \psi}{\partial r} + \boldsymbol{\theta}\,\frac{1}{r}\,\frac{\partial \psi}{\partial \theta} + \boldsymbol{\varphi}\,\frac{1}{r\sin\theta}\,\frac{\partial \psi}{\partial \varphi} \quad \text{（球坐标系）。} \qquad (5.5)$$

$\boxed{\nabla\,,\ \nabla\cdot\,,\ \nabla\times}$ 一些有用的恒等式

下面对 del 微分算子及其与麦克斯韦方程相关的三个应用进行了简要总结：

Del：

$$\nabla \equiv i\,\frac{\partial}{\partial x} + j\,\frac{\partial}{\partial y} + k\,\frac{\partial}{\partial z}$$

Del(nabla) 表示多用途的微分算子，能应用于标量或矢量场，得到的结果为标量或矢量。

梯度：

$$\nabla\psi \equiv i\,\frac{\partial\psi}{\partial x} + j\,\frac{\partial\psi}{\partial y} + k\,\frac{\partial\psi}{\partial z}$$

梯度运算应用于标量场，得到的结果为矢量，表示一点处场随空间的变化率以及这一点最陡峭的增加方向。

散度：

$$\nabla\cdot A \equiv \left(\frac{\partial A_x}{\partial x} + \frac{\partial A_y}{\partial y} + \frac{\partial A_z}{\partial z} \right)$$

散度运算应用于矢量场，得到的结果为标量，表示场从一点流出的趋势。

旋度：

$$\nabla\times A = \left(\frac{\partial A_z}{\partial y} - \frac{\partial A_y}{\partial z} \right)i + \left(\frac{\partial A_x}{\partial z} - \frac{\partial A_z}{\partial x} \right)j + \left(\frac{\partial A_y}{\partial x} - \frac{\partial A_x}{\partial y} \right)k$$

旋度运算应用于矢量场，得到的结果为矢量，表示场围绕一点环流的趋势，以及最大环流的轴向。

一旦你熟悉了这些算子的意义，你就会发现它们之间存在一些有用的关系（请注意下面的关系式适用于连续和连续可导的场）。

任意标量场的梯度的旋度为零，

$$\nabla \times \ \nabla \psi = 0。 \tag{5.6}$$

这可以通过适当的求导证明。

另一个有用的关系式与标量场的梯度的散度有关，称为场的拉普拉斯算子：

$$\nabla \cdot \ \nabla \psi = \nabla^2 \psi = \frac{\partial^2 \psi}{\partial x^2} + \frac{\partial^2 \psi}{\partial y^2} + \frac{\partial^2 \psi}{\partial z^2} \quad （笛卡儿坐标系）。 \tag{5.7}$$

像麦克斯韦方程中那样，将这些关系式应用于电场，可以揭示它们的用处。例如，静电场的旋度为零（因为电场线从正电荷发出，终止于负电荷，不会绕回其自身）。而式（5.6）表明，在旋度为零的（无旋）场中，静电场 E 可以视为另一个量（标量电势 V）的梯度：

$$E = - \ \nabla V, \tag{5.8}$$

其中，取负号是因为梯度指向标量场最大的**增加**方向，而通常电场对正电荷的作用力是指向**低**电势。然后应用高斯电场定律的微分形式：

$$\nabla \cdot \ E = \frac{\rho}{\varepsilon_0},$$

结合式（5.8）得到

$$\nabla^2 V = - \frac{\rho}{\varepsilon_0}。 \tag{5.9}$$

上式称为泊松方程，当你无法构建特定的高斯曲面时，该式通常是求静电场最好的办法。这时，有可能解出电势 V 的泊松方程，然后通过求电势的梯度确定 E。

$$\boxed{\nabla^2 A \;=\; \frac{1}{\nu^2}\,\frac{\partial^2 A}{\partial t^2}}\quad\textbf{波动方程}$$

　　有了麦克斯韦方程的微分形式和几个矢量算子恒等式，很快就能推出波动方程。首先，从法拉第定律微分形式两边的旋度开始

$$\nabla \times (\nabla \times E) \;=\; \nabla \times \left(-\,\frac{\partial B}{\partial t}\right) \;=\; -\,\frac{\partial (\nabla \times B)}{\partial t}\,。\tag{5.10}$$

请注意最后一项的旋度和对时间的导数换了位置；同前面一样，假设场足够平滑，以满足要求。

　　另一个有用的矢量算子恒等式说的是任意矢量场的旋度的旋度等于场的散度的梯度减去场的拉普拉斯运算：

$$\nabla \times (\nabla \times A) \;=\; \nabla(\nabla \cdot A) \;-\; \nabla^2 A\,。\tag{5.11}$$

这个关系式中利用了拉普拉斯算子的矢量形式，而且它是通过将拉普拉斯算子应用于矢量场的分量构建而成的：

$$\nabla^2 A \;=\; \nabla^2 A_x\,i \;+\; \nabla^2 A_y\,j \;+\; \nabla^2 A_z\,k \quad（笛卡儿坐标系）。\tag{5.12}$$

从而，

$$\nabla \times (\nabla \times E) \;=\; \nabla(\nabla \cdot E) \;-\; \nabla^2 E \;=\; -\,\frac{\partial (\nabla \times B)}{\partial t}\,。\tag{5.13}$$

而根据安培-麦克斯韦定律的微分形式，我们知道磁场的旋度为

$$\nabla \times B \;=\; \mu_0\left(J + \varepsilon_0\,\frac{\partial E}{\partial t}\right)。$$

因此，

$$\nabla \times (\nabla \times E) \;=\; \nabla(\nabla \cdot E) \;-\; \nabla^2 E \;=\; -\,\frac{\partial\{\mu_0[J + \varepsilon_0(\partial E/\partial t)]\}}{\partial t}\,。$$

这看起来很难,但是利用高斯电场定律可以将其简化为

$$\nabla \cdot \boldsymbol{E} = \frac{\rho}{\varepsilon_0},$$

代入得到

$$\nabla \times (\nabla \times \boldsymbol{E}) = \nabla\left(\frac{\rho}{\varepsilon_0}\right) - \nabla^2 \boldsymbol{E} = -\frac{\partial\{\mu_0[\boldsymbol{J} + \varepsilon_0(\partial \boldsymbol{E}/\partial t)]\}}{\partial t}$$

$$= -\mu_0\frac{\partial \boldsymbol{J}}{\partial t} - \mu_0\varepsilon_0\frac{\partial^2 \boldsymbol{E}}{\partial t^2}。$$

将式中含有的项移到左边得到

$$\nabla^2 \boldsymbol{E} - \mu_0\varepsilon_0\frac{\partial^2 \boldsymbol{E}}{\partial t^2} = \nabla\left(\frac{\rho}{\varepsilon_0}\right) + \mu_0\frac{\partial \boldsymbol{J}}{\partial t}。$$

在没有电荷和电流的区域,$\rho = 0$,$\boldsymbol{J} = 0$,因此

$$\nabla^2 \boldsymbol{E} = \mu_0\varepsilon_0\frac{\partial^2 \boldsymbol{E}}{\partial t^2}。 \tag{5.14}$$

这是一个二阶线性齐次偏微分方程,它描述了电场在空间中的传播。下面简要解释一下波动方程各种特性的意义:

线性:($\boldsymbol{E}$ 的) 波动方程对时间和空间的导数其指数都为 1,且没有相乘项。

二阶:最高阶的导数为二阶导数。

齐次:所有项都包含波动方程或其导数,没有追动项或来源项。

偏微分:波动方程是多变量函数 (空间和时间)。

对安培-麦克斯韦定律两边的旋度进行类似分析可以得到

$$\nabla^2 \boldsymbol{B} = \mu_0\varepsilon_0\frac{\partial^2 \boldsymbol{B}}{\partial t^2}。 \tag{5.15}$$

它在形式上与电场波动方程一样。

　　波动方程的这种形式不仅告诉我们存在波，而且还给出了波传播的速度。它就在与时间导数相乘的常数之中，因为波动方程的一般形式为

$$\nabla^2 \boldsymbol{A} = \frac{1}{v^2}\frac{\partial^2 \boldsymbol{A}}{\partial t^2}。 \tag{5.16}$$

式中，v 是波的传播速度。因此对于电磁场

$$\frac{1}{v^2} = \mu_0 \varepsilon_0，$$

或

$$v = \sqrt{\frac{1}{\mu_0 \varepsilon_0}}。 \tag{5.17}$$

代入真空电容量和磁导率，

$$v = \sqrt{\frac{1}{(4\pi \times 10^{-7}\mathrm{m} \cdot \mathrm{kg/C^2})[8.8541878 \times 10^{-12}\mathrm{C^2} \cdot \mathrm{s^2}/(\mathrm{kg} \cdot \mathrm{m^3})]}}，$$

或

$$v = \sqrt{8.987552 \times 10^{16}\mathrm{m^2/s^2}} = 2.9979 \times 10^8 \mathrm{m/s}。$$

　　正是因为计算出的传播速度与测量出的光速相一致，使得麦克斯韦写道"光是一种按照电磁定律在场中传播的电磁扰动"。

附录 物质中的麦克斯韦方程

1~4章中讨论的麦克斯韦方程既可应用于真空也可应用于物质中的电磁场。不过在处理物质中的场时，要记住以下几点：

- 高斯电场定律积分形式中包围的电荷（以及微分形式中的电流密度）包括**所有**电荷——既包括自由电荷也包括束缚电荷。

- 安培-麦克斯韦定律积分形式中包围的电流（以及微分形式中的体电流密度）包括**所有**电流——既包括自由电流也包括束缚和极化电流。

由于束缚电荷可能难以确定，在附录中你会看到只依赖自由电荷的高斯电场定律的微分和积分形式。同样也会有只依赖自由电流的安培-麦克斯韦定律的微分和积分形式。

那么高斯磁场定律和法拉第定律呢？由于它们不直接涉及电荷或电流，因此也不需要推导它们"适用物质"的版本。

高斯电场定律：在电介质材料中，当施加电场时，正电荷和负电荷可能会有微弱位移。当正电荷 Q 与负电荷 $-Q$ 相距距离 s 时，电偶极矩为

$$p = Qs。 \tag{A.1}$$

式中，s 是从负电荷指向正电荷的矢量，其幅值等于电荷之间的距离。对于每单位体积中含 N 个分子的电介质材料，每单位体积的偶极矩为

$$P = Np,$$ （A.2）

这个量也称为材料的"电极化强度"。如果极化强度均匀，束缚电荷就只出现在材料的表面。但如果电介质中不同位置的极化强度不同，则材料内部的电荷会累积，体电荷密度为

$$\rho_b = -\nabla \cdot P,$$ （A.3）

其中，ρ_b 表示束缚电荷的体密度（被电场移动但不能在材料内部自由移动的电荷）。

这与高斯电场定律有什么关系？回想一下在高斯定律的微分形式中，电场的散度为

$$\nabla \cdot E = \frac{\rho}{\varepsilon_0},$$

其中，ρ 为总电荷密度。在物质内部，总电荷密度既包括自由电荷也包括束缚电荷密度：

$$\rho = \rho_f + \rho_b。$$ （A.4）

式中，ρ 为总电荷密度；ρ_f 为自由电荷密度；ρ_b 为束缚电荷密度。因此，高斯定律可以写为

$$\nabla \cdot E = \frac{\rho}{\varepsilon_0} = \frac{\rho_f + \rho_b}{\varepsilon_0}。$$ （A.5）

将束缚电荷的极化强度的负散度代入上式，两边再同时乘以真空电容率，得到

$$\nabla \cdot \varepsilon_0 E = \rho_f + \rho_b = \rho_f - \nabla \cdot P,$$ （A.6）

或

$$\nabla \cdot \varepsilon_0 E + \nabla \cdot P = \rho_f,$$ （A.7）

将散度算子提取出来得到

$$\nabla \cdot (\varepsilon_0 E + P) = \rho_f,$$ （A.8）

在高斯定律的这种形式中，括号中的项通常记为"位移"矢量，其定义为

$$D = \varepsilon_0 E + P \text{。} \tag{A.9}$$

代入式（A.8）中得到

$$\nabla \cdot D = \rho_f \text{，} \tag{A.10}$$

这是仅依赖于自由电荷密度的高斯定律的微分形式版本。

利用散度定理得到用位移通量和包围的自由电荷表示的高斯电场定律的积分形式：

$$\oint_S D \cdot n \mathrm{d}a = q_{\text{free,enc}} \text{。} \tag{A.11}$$

位移矢量 D 的物理意义是什么呢？在真空中，位移矢量是正比于电场的矢量场——与 E 的方向相同，比值为真空电容率。但是在极化物质中，位移场可能与电场有明显差别。应当注意到，例如，位移场不一定是无旋的——如果极化强度有旋度它就会有旋度，对式（A.9）两边取旋度就能看出这一点。

D 的作用在于，当自由电荷已知，并且对称的情况使得位移矢量能从式（A.11）中的积分中提取出来时，就有可能确定线性电介质材料中的电场。首先根据自由电荷求出 D，然后除以介质电容率得到电场。

安培-麦克斯韦定律：就像对电介质施加电场会感生出极化强度（每单位体积的电偶极矩）一样，对磁材料施加磁场也会感生出"磁化强度"（每单位体积的磁偶极矩）。而类似于束缚电荷会在材料内部产生额外的电场，磁化强度的旋度也会产生束缚电流密度：

$$J_b = \nabla \times M \text{。} \tag{A.12}$$

式中，J_b 为束缚电流密度；M 表示材料的磁化强度。

　　物质内部的电流密度的另一个来源是极化强度随时间的变化率，因为电荷的任何运动都会形成电流。极化电流密度为

$$J_P = \frac{\partial P}{\partial t}。\qquad (A.13)$$

因此，总电流密度不仅包括自由电流密度，还包括束缚和极化电流密度：

$$J = J_f + J_b + J_P。\qquad (A.14)$$

因此，安培-麦克斯韦定律的微分形式可以写为

$$\nabla \times B = \mu_0 \left(J_f + J_b + J_P + \varepsilon_0 \frac{\partial E}{\partial t} \right),\qquad (A.15)$$

代入束缚和极化电流的表达式，并除以真空磁导率

$$\frac{1}{\mu_0} \nabla \times B = J_f + \nabla \times M + \frac{\partial P}{\partial t} + \varepsilon_0 \frac{\partial E}{\partial t}。\qquad (A.16)$$

将旋度项和导数算子项分别移到一起得到

$$\nabla \times \frac{B}{\mu_0} - \nabla \times M = J_f + \frac{\partial P}{\partial t} + \frac{\partial(\varepsilon_0 E)}{\partial t}。\qquad (A.17)$$

合并旋度和导数算子中的同类项变成

$$\nabla \times \left(\frac{B}{\mu_0} - M \right) = J_f + \frac{\partial(\varepsilon_0 E + P)}{\partial t}。\qquad (A.18)$$

在安培-麦克斯韦定律的这种形式中，左边括号中的项记为"磁场强度"矢量，定义为

$$H = \frac{B}{\mu_0} - M。\qquad (A.19)$$

因此，用 H、D 和自由电流密度表示的安培-麦克斯韦定律微分形式为

$$\nabla \times \boldsymbol{H} = \boldsymbol{J}_{\text{free}} + \frac{\partial \boldsymbol{D}}{\partial t}。\tag{A.20}$$

应用斯托克斯定理得到安培-麦克斯韦定律的积分形式：

$$\oint_C \boldsymbol{H} \cdot \mathrm{d}\boldsymbol{l} = I_{\text{free,enc}} + \frac{\mathrm{d}}{\mathrm{d}t}\int_S \boldsymbol{D} \cdot \boldsymbol{n}\mathrm{d}a。\tag{A.21}$$

　　磁场强度 $\boldsymbol{H}$ 的物理意义是什么呢？在真空中,磁场强度是正比于磁场的矢量场——方向与 $\boldsymbol{B}$ 相同,比例为真空磁导率。但是就像在电介质材料中 $\boldsymbol{D}$ 不同于 $\boldsymbol{E}$ 一样,在磁材料中 $\boldsymbol{H}$ 也可能与 $\boldsymbol{B}$ 有显著差别。例如,磁场强度不一定是无散的——如果磁化强度有散度它就有散度,对式(A.19)两边取散度就能看出这一点。

　　同电位移的情形一样,$\boldsymbol{H}$ 的作用在于,当自由电流已知,并且对称情况使得磁强度能从式(A.21)中的积分中提取出来时,就有可能确定线性磁材料中的磁场。首先根据自由电流求出 $\boldsymbol{H}$,然后除以介质磁导率得到磁场。

下面是物质中所有麦克斯韦方程积分和微分形式的汇总。

高斯电场定律：

$$\oint_S \boldsymbol{D} \cdot \boldsymbol{n} \mathrm{d}a = \boldsymbol{q}_{\text{free,enc}} \qquad （积分形式），$$

$$\nabla \cdot \boldsymbol{D} = \rho_{\text{free}} \qquad （微分形式）。$$

高斯磁场定律：

$$\oint_S \boldsymbol{B} \cdot \boldsymbol{n} \mathrm{d}a = 0 \qquad （积分形式），$$

$$\nabla \cdot \boldsymbol{B} = 0 \qquad （微分形式）。$$

法拉第定律：

$$\oint_C \boldsymbol{E} \cdot \mathrm{d}\boldsymbol{l} = -\frac{\mathrm{d}}{\mathrm{d}t} \int_S \boldsymbol{B} \cdot \boldsymbol{n} \mathrm{d}a \qquad （积分形式），$$

$$\nabla \times \boldsymbol{E} = -\frac{\partial \boldsymbol{B}}{\partial t} \qquad （微分形式）。$$

安培-麦克斯韦定律：

$$\oint_C \boldsymbol{H} \cdot \mathrm{d}\boldsymbol{l} = I_{\text{free,enc}} + \frac{\mathrm{d}}{\mathrm{d}t} \int_S \boldsymbol{D} \cdot \boldsymbol{n} \mathrm{d}a \qquad （积分形式），$$

$$\nabla \times \boldsymbol{H} = \boldsymbol{J}_{\text{free}} + \frac{\partial \boldsymbol{D}}{\partial t} \qquad （微分形式）。$$

深 度 阅 读

如果你想全面了解电磁学，有一些优秀的教科书可以选择。下面是其中一部分：

Cottingham W N, Greenwood D A. Electricity and Magnetism ［M］. Cambridge University Press, 1991.

对电磁学中众多概念的简要概览。

Griffiths D J. Introduction to Electrodynamics ［M］. New Jersey：Prentice-Hall, 1989.

中级水平的标准本科生教材，叙述清晰易懂。

Jackson J D. Classical Electrodynamics ［M］. New York：Wiley & Sons, 1998.

标准研究生教材，不过在着手之前要打好基础。

Lorrain P, Corson, D, Lorrain F. Electromagnetic Fields and Waves ［M］. New York：Freeman, 1988.

另一本优秀的中级水平教材，用图表进行了详细阐释。

Purcell E M. Electricity and Magnetism Berkeley Physics Course ［M］, Vol. 2. New York：McGraw-Hill, 1965.

可能是最好的入门教材；文字优雅，阐释细致。

Wangsness R K. Electromagnetic Fields ［M］. New York：Wiley, 1986.

也是一本优秀的中级水平教材，还可以为阅读 Jackson 的书做准备。

对于矢量算子的全面介绍，以及许多静电学例子，参见：
Schey H M. Div, Grad, Curl, and All That ［M］. New York：Norton, 1997.

索　引

图书在版编目（CIP）数据

麦克斯韦方程直观：翻译版/（美）丹尼尔·弗雷希著；唐璐译. —北京：机械工业出版社，2013.8（2025.2 重印）
（图解直观数学译丛）
ISBN 978-7-111-43041-4

Ⅰ.①麦…　Ⅱ.①弗…②唐…　Ⅲ.①电磁学　Ⅳ.①O441

中国版本图书馆 CIP 数据核字（2013）第 136475 号

机械工业出版社（北京市百万庄大街22号　邮政编码100037）
策划编辑：韩效杰　责任编辑：韩效杰　陈崇昱
版式设计：霍永明　责任校对：张　媛
封面设计：路恩中　责任印制：刘　媛
北京瑞禾彩色印刷有限公司印刷
2025 年 2 月第 1 版第 12 次印刷
169mm×239mm · 9.25 印张 · 159 千字
标准书号：ISBN 978-7-111-43041-4
定价：39.00 元

电话服务　　　　　　　　　　网络服务

客服电话：010-88361066　　　机　工　官　网：www.cmpbook.com
　　　　　010-88379833　　　机　工　官　博：weibo.com/cmp1952
　　　　　010-68326294　　　金　书　网：www.golden-book.com
封底无防伪标均为盗版　　机工教育服务网：www.cmpedu.com